HOW DOES CAMPUS SPACE FOSTER INNOVATION EXPERIENCE FROM MIT

大学校园空间如何孕育创新

——来自美国麻省理工学院的经验

邓巧明　著

中国建筑工业出版社

图书在版编目（CIP）数据

大学校园空间如何孕育创新：来自美国麻省理工学院的经验 / 邓巧明著. —北京：中国建筑工业出版社，2022.11

ISBN 978-7-112-27793-3

Ⅰ.①大… Ⅱ.①邓… Ⅲ.①高等学校－校园规划－经验－美国 Ⅳ.①TU244.3

中国版本图书馆CIP数据核字（2022）第154207号

责任编辑：刘　静
书籍设计：锋尚设计
责任校对：张惠雯

大学校园空间如何孕育创新
——来自美国麻省理工学院的经验
邓巧明　著
*
中国建筑工业出版社出版、发行（北京海淀三里河路9号）
各地新华书店、建筑书店经销
北京锋尚制版有限公司制版
北京富诚彩色印刷有限公司印刷
*
开本：787 毫米×1092 毫米　1/16　印张：11¾　插页：1　字数：176 千字
2023 年 1 月第一版　　2023 年 1 月第一次印刷
定价：**75.00** 元
ISBN 978-7-112-27793-3
（39971）

序一

高等教育的发展建设水平关乎国家和民族的未来。改革开放以来，我国的高等教育事业得到长足发展，为国民经济的发展建设培养了大批高素质人才。

在此期间，我国高等教育设施的建设也经历了重要的发展阶段。特别是20世纪末，随着“教育产业化”政策以及“科教兴国”等战略的提出，相对滞后的校园基础设施已经无法满足高等教育发展需要，扩大、调整、改建和新建几乎是当时每所高校都要面临的任务，大学校园建设因此经历了史无前例的跨越式发展，大量校园快速建成，取得了令人瞩目的成绩，也为这一时期高等教育的发展提供了良好的校园空间环境保障。

进入21世纪，知识经济在国际经济中越来越占主导地位，科学技术创新能力成为国家核心竞争力的关键，更是当前我国的重大现实需求。大学作为国家创新体系的重要组成部分，是知识创新的主要力量，在提高国家民族创新能力方面肩负重要使命。“双一流”建设计划，新工科、新医科、新农科、新文科“四新”建设等，都是针对国内外政治经济环境的新变化提出的高等教育改革举措。与之相应，大学校园的规划建设也需要密切结合知识经济时代的创新需求转变建设重点，塑造更有利于创新的校园环境，以提升我国大学的科研创新能力，推进创新型国家的建设。面对这一新需求，迫切需要更多学者深入研究和总结国际一流院校在促进创新方面的校园建设经验，为我国规划建设更有利于孕育创新的校园空间提供理论依据与实践参考。

这本《大学校园空间如何孕育创新——来自美国麻省理工学院的经验》正是在这种创新需求背景下完成的著作。作者邓巧明从清华大学毕业后来华南理工大学任教，也同时在我的工作室参与一些大学校园规划设计工作，如北京工业大学新校区、重庆第三军医大学沙坪坝校区、东莞职教城等，并参与编写我主编出版的《当代大学校园规划理论与设计实践》一书。后来她在我指导下完成《集约化高校校园空间形态与空间品质的关联性研究》博士论文，对高密度大学的校园空间形态与室内、外空间品质的影响关系开展了深入的量化分析与讨论。2016年至2017年她在美国麻省理工学院（MIT）访学，对它的校园空间布局对其科研创新能力的影响很感兴趣，为此在麻省理工学院特藏档案馆里查阅了大量MIT校园规划建设的历史资料，走访相关专家学者，最终完成此书的撰写。

此书从大学校园空间如何促进学科交叉与创新的视角，详细介绍了美国麻省理工学院建校一百六十余年的校园发展建设过程，包括在波士顿时期创新环境的初创，以及搬迁剑桥后校园创新环境的逐渐完善。通过对其几个重要发展阶段校园规划与建设项目的回顾与梳理，总结提出麻省理工学院校园空间在激发和孕育跨学科科研合作与创新方面的设计经验。此书不仅为大学校园的规划设计和研究提供了有益的借鉴，同时也为校园的建设和管理总结了经验和教训。我相信 MIT 校园建设的这些宝贵的探索和实践，能为我们规划建设适应国家创新发展战略需求的大学校园从而实现大学的创新根本使命提供重要的参考和启发。

何镜堂

中国工程院院士

2022 年 10 月

序二

一百六十多年来指导麻省理工学院发展的原则已经创造了一个可以持续满足不同时期发展需求的校园空间环境，它培养学生、支持研究者以实现创新、探索和服务社会。麻省理工学院的成就是惊人的，它的成功很大程度上归功于它的学术和行政组织结构，以及以校训“手脑并用，创造世界”为象征的教育哲学。这包括一个支持和鼓励冒险与自由协作的系统。如果没有这些条件，仅仅依靠这些建筑空间无法取得 MIT 当前所享有的成果。

MIT 创始人明白学科之间轻松沟通的重要性。他们认识到互联互通和意外发现对于促进思想交流的重要价值，以及灵活可变的物理空间环境的重要意义。MIT 精心创造了一个可以被大家理解和认知的，同时又令人难忘的优美的校园空间环境。这里提供了一个安全而愉快的社区，校园里进行的生活、工作、学习和娱乐活动都充分反映了 MIT 的使用者和使用功能的多样性。

随着校园的发展，校园的新建部分始终与已有的建设在规模与材料上相兼容。校园保持了一定的开放空间和建筑的连续性，以确保新建设施能有序地融入现有的校园和更大的剑桥社区。校园发展的核心是对建设项目能适应不同阶段的使用需求进行规划与设计的优化，使其在一定经济条件下能实现高水平的设计与高要求的建设标准之间的平衡。所有这些建设都是为了确保在学院内部以及学院与其周围的外部社区之间的高度可达性。

麻省理工学院复杂的校园环境反映了其复杂而多面的社区特征。像一座小城市，麻省理工学院有它的住宅区、科研区、休闲区、交通系统，以及支持基础设施与重新开发建设的开放空间。初遇时，校园迷宫的多样性常常令人感到困惑和恐惧，一旦征服了它的复杂性，体验了它亲密而宏大的空间，它的复杂性就会变得越来越令人满意。

所有这些都建立在指导 MIT 社区发展至今的价值观上。最近，麻省理工学院为了检验其教育传统的稳定性，开始重新审视其价值观。其结果是对卓越和好奇心的再次承诺，同时保持最高标准的诚信和卓越的智慧与创造力。麻省理工学院是一个以创意为乐的地方，它欢迎各种观点，鼓励自由表达和辩论。它把失败视为发现过程中的一步，它更看重潜力而不是谱系与背景。从长期的经验来看，它知道好的想法可以来自很多方面。麻省理工学院是一个致力于维持追求真理、服务社会及勇于创新环境的社区。

我与邓巧明博士相识于2016年我主持的“理解MIT”的讨论课上，当时她在MIT访学，她的爱人在哈佛大学访学。他们夫妇二人是中国大学校园规划设计的研究者与实践者，关于麻省理工学院的物理环境如何影响这里的学术和研究活动，如何促成更多的交流与互动，以及中美校园规划建设的差异，我们有过多次交流与讨论。还记得邓巧明博士在回国前曾跟我说，她想把MIT的校园规划建设过程与经验写成一本书，今天终于看到这本书的完成，我为她感到高兴。这本书介绍了麻省理工学院是如何诞生的，以及在日后的发展建设过程中又是如何坚持其自身的使命的。我相信这本书对于如何建设一所大学，如何创造更好的校园空间环境以提高大学的效率会提供许多有价值的参考与帮助。

罗伯特·西姆哈（O. Robert Simha）
前MIT校园建设规划办公室的负责人（1960—2000）
美国校园规划委员会SCUP（Society for College and University Planning）创始人之一
2022年7月

前言

知识经济时代，科技创新能力已成为国家的核心竞争力。相比于在已深耕多年的既有学科领域内寻求突破，打破学科边界的跨学科研究正受到越来越多的重视。大学校园在容纳大批高素质科技人才的同时，还在一定的空间范围内密集地容纳了众多的学科，这是它与科研院所、科创企业相比的一个突出优势。这也决定了跨学科创新将成为大学的一项根本性使命，而这一使命也必将给大学校园的规划建设带来深刻的影响。

然而，不论是世界上拥有悠久历史的著名大学校园，还是新中国成立前按照欧美模式、新中国成立后按照苏联模式规划建设的大学校园，除了美国麻省理工学院等少数成功案例之外，都难以为我们提供能够促进跨学科合作创新的高校规划建设经验。

创办于 1861 年的麻省理工学院一直以其卓越的科研创新能力闻名，除了管理与制度上的措施之外，其独具特色的校园空间对于激发大量的跨学科合作与创新也起到了极其重要的作用。笔者曾于 2016 年至 2017 年作为国家公派访问学者在美国麻省理工学院建筑与规划学院学习。访学期间租住的公寓位于哈佛法学院对面，每天都要穿过著名的 Harvard Yard 乘坐公交车到 MIT，深切地体会着两所学校校园空间的差异。

MIT 校园的第一印象，恐怕很难让人喜欢，这里没有气派的校门、宏伟的轴线，几座标志性建筑也都是风格各异。主校区规模庞大且彼此相连的科研建筑群常常让人迷路，沿着建筑系的走廊不知不觉就会走到摄影系的办公室，从材料系办公室旁边楼梯下楼，又到了音乐系教授的办公室，这与每个院系都拥有自己独立建筑的哈佛大学截然不同。2016 年秋季，笔者因参加 MIT 媒体实验室“城市科学”小组的课程，经常往返于建筑系所在的 7 号楼与媒体实验室所在的 E14 号楼，每次都要经过 MIT 那条最著名的曾启发出无限创想的“无尽长廊”，走廊两侧通透的玻璃隔墙背后是各个学科的实验室正在进行的实验操作、正在进行的学术讨论以及最新的研究成果，这些丰富生动的景象经常吸引笔者以及来往师生驻足观看。每天中午，主楼里都有不同院系举办的带有免费午餐的讲座，这些讲座欢迎任何专业的师生，甚至是普通公众，笔者就曾听过物理系、数学系还有材料系的讲座。讲座结束后回建筑系的路上，又会经过各个学科的实验室、研讨室，看到各种有趣的研究。是的，在 MIT 的校园里，你可以很容易看到不同学科的人们都在做什么。

正是访学期间对这所大学校园持续而深入地观察与感受，使笔者渐渐体会到 MIT 校园空间环境的真正魅力与价值。这里体现着有别于传统大学的校园、也一直被很多校园规划者忽略的特点，即从加强不同学科之间交流与合作的角度出发进行校园空间设计。通过建筑空间的有效组织与设计，使繁忙的科研人员仅仅在上下课路过时，就可以看到其他学科正在开展的最新研究与成果，有效提高了不同学科之间知识与信息的传播效率，大部分师生都反映，这种特殊的校园空间是最适合学科交叉的科研环境，直接影响了今天 MIT 的科研创新能力。

此后，笔者对于 MIT 是如何通过校园规划建设创造一个可以孕育大量开创性科学研究的校园环境非常感兴趣，花费大量时间在 MIT 的特藏资料室，查阅一百多年来 MIT 规划设计档案，深入钻研 MIT 建校历史。同时，笔者参加了由前 MIT 校园建设规划办公室的负责人罗伯特・西姆哈先生（O. Robert Simha）主持的“理解 MIT”研讨课，了解 MIT 发展建设过程中的经验与教训，以及 MIT 的校园建设是如何服务于这所学校的办学宗旨的。

科技创新跟很多方面的因素有关，很多管理制度与文化上的问题很难一蹴而就解决，但是改善空间环境相对容易入手，如能吸收借鉴 MIT 校园建设在促进学科交叉方面的经验，通过校园空间环境的改变来帮助高校师生打破学科之间的藩篱，激发孕育出更多的创新可能性，则对于国家的发展善莫大焉，这也是笔者撰写本书的初衷。

本书的研究与写作过程得到许多人的帮助，在此表示衷心的感谢。特别感谢我的导师何镜堂院士为本书作序，何院士对专业的热忱与孜孜追求是笔者终生学习的榜样。感谢罗伯特・西姆哈先生为本书作序，西姆哈先生自 1960 年起到 2000 年负责 MIT 校园规划建设工作，对 MIT 的校园有着深刻的理解，感谢他对本书写作给予的莫大帮助与支持。感谢 MIT 的麦克・丹尼斯（Michael Dennis）教授和拉菲・西格尔（Rafi Segal）教授在笔者访学期间给予的所有帮助与鼓励。感谢纪绵、张宇昊、赵思等同学为本书图文内容整理所做的各项工作与付出的巨大努力。感谢中国建筑工业出版社刘静女生为本书校审、出版所作出的艰苦努力。

最后我要感谢我的家人。感谢我的父母，你们永远是我坚强的后盾，在我访学期间，克服种种困难远渡重洋，帮我解决各种生活琐事，使我能更专注于研究 MIT 的规划建设历史。感谢我的爱人，写作过程中与他的数次讨论使本书的框架与结论都更加完善。感谢我的孩子，在我疲惫时，总有你爽朗的笑声与温暖的拥抱。

邓巧明
2022 年 7 月

目录

第1章

MIT 的创新成就与孕育创新的环境

1.1 MIT 世界领先的创新成就与影响力

如同创始人威廉·巴顿·罗杰斯（William Barton Rogers）反传统的精神特质，麻省理工学院（Massachusetts Institute of Technology，MIT）充满了创新精神。早在 1894 年的校长年度报告中，麻省理工学院第三任校长弗朗西斯·阿玛萨·沃克（Francis Amasa Walker）就宣布了 MIT 的成功，当时麻省理工学院及其创新的教育理念就已得到社会的广泛认可。如今，经过一百六十多年的发展，MIT 已经成为创新能力的代名词，连续多年高居世界大学与多个学科排名“榜首”，在最高荣誉诺贝尔奖中的高获奖率，麻省理工学院毕业的校友们对全球创新与创业的持续贡献，以及这所校园里诞生的大量对人类生存发展产生重要影响的发明与贡献等，都充分说明了麻省理工学院在创新方面的卓越成就。

1.1.1 世界大学与学科排名

在 2022 年 6 月 9 日最新公布的 QS 世界大学排名①中，全球有近 1500 所大学参与评估，是规模最大的一次，麻省理工学院再次以 100 分的总分位居榜首，创下了连续 11 年蝉联世界第一的历史记录，这充分体现了麻省理工学院世界领先的教育理念与学术水平（图 1-1）。在 2022 年的 QS 排名中，MIT 在学术声誉、雇主评价、师生比、国际教师比例、每位教师的引用率以及就业率六个方面均获得了最高的综合评分。

在 2022 年公布的学科排名中，共有 51 个学科参评，麻省理工学院有 12 个学科获得世界大学学科排名第一，包括语言学、建筑与建成环境、化学工程、土木与结构工程、计算机科学与信息系统、电气与电子工程、机械/航空与制造工程、化学、材料科学、数学、物理与天文学以及统计与运筹学[1]。

---

① QS 世界大学排名始于 2004 年，是目前世界上最权威、最有影响力的世界大学排行榜之一。主办方英国的 Quacquarelli Symonds（简称 QS）国际教育市场咨询公司，通过进行大范围的专家学术意见调查、雇主调查、论文引用率统计等方式，对大学的创新能力、学术声誉、雇主评价、每位教师的引用率、师生比、国际化与包容性等方面进行量化评分。

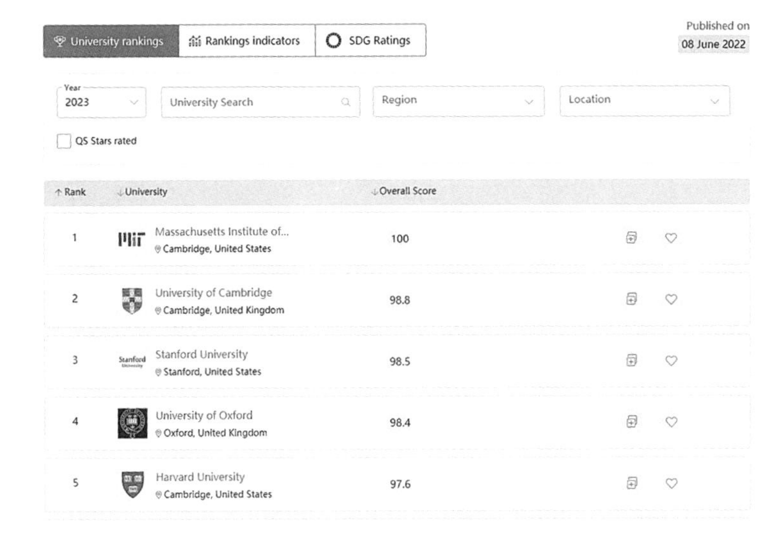

Rank	University	Overall Score
1	Massachusetts Institute of... Cambridge, United States	100
2	University of Cambridge Cambridge, United Kingdom	98.8
3	Stanford University Stanford, United States	98.5
4	University of Oxford Oxford, United Kingdom	98.4
5	Harvard University Cambridge, United States	97.6

图 1-1　2022 年 6 月公布的 QS 世界大学排名前五位

1.1.2　诺贝尔奖的高获奖率

设立于 1900 年的诺贝尔奖（Nobel Prize）是世界公认的最高荣誉，分为物理学奖、化学奖、生理学或医学奖、文学奖、和平奖和经济学奖，截至 2021 年，共诞生了 943 位诺贝尔奖得主（个人或机构）[2]，其中就有 99 位来自 MIT[3]（表 1-1），仅有 161 年办学历史（1861 年创办）的麻省理工学院排在第六。

许多出现在我们教科书中的知识，都是来自 MIT 诺贝尔奖获得者的研究成果。例如在经济学领域年少成名的 MIT 经济学教授保罗·安东尼·萨缪尔森（Paul Anthony Samuelson）1970 年获得了诺贝尔奖，他擅长运用数学的方法来研究经济学语言，其 1949 年所著的《经济学：导论分析》（*Economics: An introduction Analysis*）已经成为多国经济学的经典教科书，他提出的静态和动态的经济理论，促使人类对经济科学的认识达到了一个新高度。在物理学领域，MIT 物理系教授、美籍

世界高校诺贝尔奖获得数排行榜（1901—2021） 表 1-1

排序	学校	获奖总人数	物理	化学	生理或医学	经济	文学	和平	创办时间
1	哈佛大学	165	32	39	43	36	7	8	1636 年
2	剑桥大学	121	37	30	31	15	5	3	1209 年
3	加州大学伯克利分校	114	34	32	18	27	3	1	1868 年
4	芝加哥大学	101	32	19	11	34	3	2	1890 年
5	哥伦比亚大学	100	33	15	23	17	6	6	1754 年
6	麻省理工学院	99	34	16	13	35	0	1	1861 年
7	斯坦福大学	85	25	13	16	28	3	1*	1891 年
8	加州理工学院	78	31	18	23	6	0	1*	1891 年
9	普林斯顿大学	74	30	10	4	23	5	2	1746 年
10	牛津大学	72	15	19	19	9	5	6	1096 年

注：* 莱纳斯·鲍林（Linus Carl Pauling）获得过 1 次诺贝尔化学奖和 1 次诺贝尔和平奖，各计一次。他毕业于加州理工学院，后曾于斯坦福大学任教，所以这两所院校也各计 1 次。

华人丁肇中（Samuel Chao Chung Ting）带领他的团队在高能粒子碰撞实验中发现了新的重粒子，证明了粒子中可以存在第四个夸克，这一发现开创了人类对自然界粒子的新认识，因此贡献，他于 1976 年获得诺贝尔奖。在化学领域，曾任 MIT 化学系教授的百瑞·夏普雷斯（K. Barry Sharpless）在 2001 年获得了诺贝尔化学奖。他与他的团队经过多年研究，在氧化反应中使用一种特殊的催化剂，使得在化学反应中分子只产生一种相反的形式，为开发更多种类的药物带来希望[4]。这些研究与发现对人类知识体系和科技进步都发挥着不可估量的作用。

1.1.3 校友企业家的创新影响力

麻省理工学院一直是孕育世界杰出学者的家园，校园中弥漫着的反传统风俗与创新文化，激发了无数成功的发明家和企业家。MIT 卓越的创新能力一直是校友公司发展的核心动力，各行各业的著名品牌和产品很多出自 MIT 校友之手，如雷神（Raytheon）导弹和巡航系统、世界级网络服务供应商阿卡迈（Akamai）、自动测试设备供应商泰瑞达（Teradyne）、全球最大的汽车共享业务 Zipcar、惠普（Hewlett-Packard）（作为联合创始人之一）、高端音响设备公司 BOSE，等等，这为整个社会和经济都带来巨大效益。

2015 年，由麻省理工斯隆管理学院的爱德华·罗伯茨（Edward Roberts）教授和副院长菲奥娜·默里（Fiona Murray）与他人共同撰写的《MIT 创业与创新在全球持续的增长与影响》（*Entrepreneurship and Innovation at MIT Continuing Global Growth and Impact*）报告中估计，截至 2014 年，MIT 的本科毕业生选择在创业投资公司就业的比例十年间从 2% 上升至 15%，并且校友已经创办了 3 万多家活跃的公司，其中 70% 占比的公司已经营业了十年以上，大约是全美平均占比（35%）的两倍。这些公司总共雇用了大约 460 万人，年营业额约 1.9 万亿美元。根据 2013 年国际货币基金组织（IMF）和其他国家的国内生产总值数据，这一收入总额在位列世界第九的俄罗斯（2.097 万亿美元）和位列第十的印度（1.877 万亿美元）之间[5]。

1.1.4　对人类发展产生重要影响的发明与贡献

自 MIT 创建以来，无论是为阿波罗太空计划开发的惯性制导系统（图 1–2）、信息论的创立①，还是建立世界上首个人工智能实验室②、研发出开创性的高速摄影技术（图 1–3）、首次实现了青霉素的化学合成③，以及建立使数字计算机成为可能的磁芯存储器、发明了极大地促进人类社会信息化进程的万维网④、首次观测到引力波⑤等，MIT 的学者们用他们无与伦比的创造力、勇敢的冒险精神不断地实现拓展人类知识边界、改善人类生存状况并塑造世界未来的使命。

---

① 1938 年，在 MIT 获得硕士和博士学位的克劳德·艾尔伍德·香农（Claude Elwood Shannon）开创了信息论学科，推动了第三次工业革命的到来。

② 1958 年，约翰·麦卡锡（John McCarthy）和马文·明斯基（Marvin Minsky）创建了 MIT 人工智能实验室，是世界上首个人工智能实验室，奠定了 MIT 在计算机科学和人工智能方向上的领先地位。

③ 1957 年，MIT 化学实验室的约翰·希恩（John C. Sheehan）首次使用化学方法工业化地合成了青霉素 V。

④ 1989 年，MIT 计算机科学与人工智能实验室（CSAIL）主任蒂姆·伯纳斯 – 李（Tim Berners-Lee）发明了万维网，极大地促进了人类社会的信息化进程。

⑤ 2016 年 2 月 11 日，MIT、加州理工学院和美国国家科学基金会 NSF 共同发布：人类使用激光干涉引力波天文台（LIGO），首次直接探测到引力波的存在，印证了爱因斯坦的广义相对论。

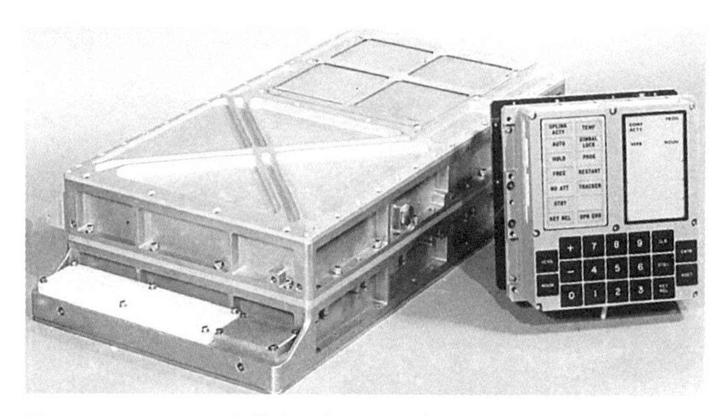

图 1-2　MIT 于 1960 年代为阿波罗计划研发的制导计算机系统

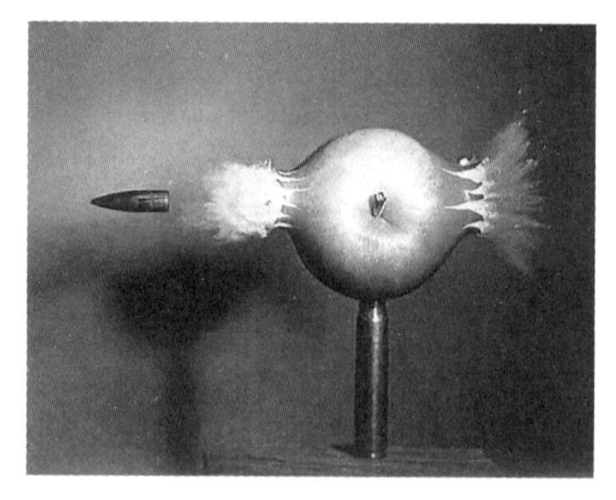

图 1-3　高速摄影技术记录子弹穿过苹果的瞬间

近些年来，MIT 的代表性成果越来越多地展现出跨学科合作在现代科学研究中的重要价值，例如马克·雷伯特（Marc Raibert）和他的波士顿动力公司（Boston Dynamics）将机器学习和生物运动结构相结合研发的各种仿生机械狗（图 1–4），化学系教授亚尼·亚诺斯（Ioannis V. Yannas）与马萨诸塞总医院外伤科的负责人、哈佛大学医学院教授约翰·布克（John Bulke）合作发明的人造皮肤，MIT 太阳能前沿中心（Solar Frontiers Center）主任丹尼尔·诺切拉（Daniel Nocera）博士研发的可以模拟光合作用、同时用以发电的经济性材料——人造树叶（图 1–5），以及 MIT 生物工程学教授安吉拉·贝尔彻（Angela Belcher）将化学与生物学结合研发的病毒电池等，不难发现，这些成果都不是一个科学家或一个学科可以完成的，

图 1-4　波士顿动力公司官网上的机械狗 Spotmini

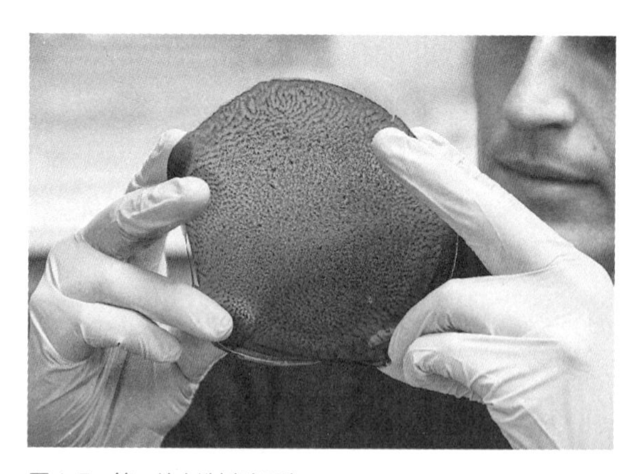

图 1-5　第一片人造树叶诞生

而是需要多个学科的学者自由交流、共同工作才有可能实现。更重要的是，这些基于现实需求和突破禁忌想象的科研成果，在设想阶段就必须有跨学科的思维才能够提出，这与 MIT 充满创新精神的校园环境与创新文化密不可分。

1.2　激发孕育创新的校园环境与文化

MIT 卓越的创新影响力与成就离不开麻省理工学院孕育创新的校园环境与文化：设置各种鼓励创新的奖项、绞尽脑汁展示研究成果的 DEMO 文化、支持异想天开的校园“黑客文化”等都是 MIT 创新精神与创新文化的最好体现。

1.2.1　鼓励创新的制度与文化

1．设置鼓励师生打破常规的奖项 [6]

麻省理工学院会通过设置各种奖项的方式，鼓励师生打破常规、勇敢创新。其中比较著名的奖项包括 MIT 媒体实验室（MIT Media Lab）设立的“不服从奖”（The Disobedience Prize，奖金 25 万美元），该奖项主要奖励那些在科研工作中勇于打破规则或者改变现状从而取得重大突破的人，以及完全由学生自己组织运营的“十万美元创业大赛奖”，奖项同时配套了十分完善的风险投资体系、创业指导、媒体宣传、基金等服务，目的在于融合培养工程学和商学的创业技能，目前已促成了 160 多家公司的诞生，成为全美高校中最负盛名的创业竞赛。

这些奖项成功地卷起了科研创新的旋风，2021 年 MIT 机械工程系博士希拉里·约翰逊（Hilary Johnson）获 Lemeson-MIT 发明奖，她发明了一种“可变蜗壳”式自适应离心泵，能够适应多变的灌溉流量需求，极大提升了泵的工作效率并减少能源和财力的浪费；2012 年 MIT 化学工程师凯伦·格里森（Karen Gleason）和研究生迈尔斯·巴尔（Miles Barr）利用氧化化学蒸镀技术（oCVD）在柔软材料表面打印出太阳能电池，提供了廉价且便携的太阳能电池使用介质[7]；2017年教授马克·爱德华兹（Marc Edwards）和密歇根赫尔利医学中心的博士莫娜·汉娜－阿蒂莎（Mona Hanna-Attisha）因在福特林特市改善水资源危机的工作而获“不服从奖”，他们冒着学术制裁风险调研市民对水和铅中毒的担忧，最终指控了4名前政府官员的失职[8]；2018年MIT一个团队开发出光学芯片，使计算机信息的媒介由电改为光，传输效率和能耗是传统电子芯片的1000万倍以上[9]。

2. 充满创意的校园“黑客文化”

MIT校园里弥漫着一种充满创意和异想天开的“黑客文化”，这里的黑客与破解代码的计算机黑客无关，而是一种创造性发明的设计与实施。

（1）消失的校长办公室

1990年10月15日，校长查尔斯·维斯特（Charles M. Vest）到麻省理工学院任职的第一天，当副校长康斯坦丁·西蒙内塞斯到达校长办公室时，他惊讶地发现校长办公室消失了，只有一个海报板，门在哪里？原来是学生们在校长办公室的入口处布置了一块可移动的海报公告板，尺寸精确地覆盖了原有的入口（图1-6）。黑客们还在校长办公室内放置了一瓶香槟，欢迎新校长的到来。这一独特的欢迎方式得到了校长维斯特的赞赏，他认为他上任后的第一个主要政策就是要把这种具有创意的“黑客文化”保持下去。

（a）布置前

（b）布置后

图1-6　校长办公室的门被海报板挡住

（2）穹顶上的警车

MIT 校园里的两个标志性圆顶是“黑客”们展示自己创意的热门地点。“黑客”们喜欢将各种各样的物件放到大穹顶上，一架钢琴、一个刚刚堆好的雪人，甚至是美国队长盾牌图案的圆形旗帜，等等。

1994 年 5 月 4 日的穹顶警车事件最引人注目。清晨，“黑客”们将一辆学校巡警的警车放在了大穹顶上，警车旁边站着一位“校警”（图 1–7）。剑桥警方为此动用了直升机在空中查看情况，而校园巡警的负责人也是在上班途中才听到这个突发情况。这件事在当时轰动了全美，直到后来大家才知道更多有趣的细节。穹顶的高度和大小对于“黑客”来说是一个挑战。“黑客”们先将一辆雪佛兰汽车的金属外壳还有木质框架分解，确保每一部分都能通过穹顶的洞口，然后再在穹顶上重新组装，并装饰成警车的样子。他们还安装了一个穿着校警制服的模特站在旁边，车里有一杯咖啡和一盒甜甜圈，车牌号是“π”，最重要的是前挡风玻璃上贴着的一张停车票，上面写着“这里不许停车”。

这次著名“黑客”事件的汽车原型，目前被陈列在斯塔塔中心（Stata Center）的大厅通道上（图 1–8），面向饮食中心，向每天来往的学生们展示着 MIT 独特的校园“黑客文化”。

（3）巨大的俄罗斯方块

每年的 4 月份是欢迎本科新生及其家长参观 MIT 的活动

图 1–7　穹顶上的警车

图 1–8　陈列在斯塔塔中心的汽车原型

月，而 2012 年的 4 月并不寻常，因为贝聿铭设计的艾达·格林大楼（Ida Green Building，54 号楼）被校园“黑客”们变成了一个巨大的、可玩儿的俄罗斯方块游戏（图 1–9），学生借此向新生和家长们展示了这里独特的校园文化。这一精心策划的“黑客”事件在社交网络上产生了不小的影响，杂志《The Tech》的报道将其称为“黑客”的“圣杯”（图 1–10）。

这些无害的校园“黑客”已成为校园创新文化的重要部分，校园的管理者也对“黑客文化”、校园“恶作剧”表示相当的支持和赞赏。MIT 博物馆曾经一度开设专区，用来展示学生们的经典“恶作剧”。作为联系主楼与东校区的重要通道，16 号建筑的走廊熙攘繁忙，走廊两侧布置的展板记录和展示了几次重要的校园黑客事件，向每天来往的学生及参观者展示着 MIT 独具创意的“黑客文化”，也激励着新一代富有创新精神的校园“黑客”们。

在 2017 年 MIT 的毕业典礼上，校长拉斐尔·赖夫（L. Rafael Reif）的毕业典礼致辞最后一句这样说：“当你们踏上新征途的时候，我想请你们去“黑客”这个世界，直到这个世界变得更 MIT!”

图 1–9　学生控制了大厦的电路，并玩起了俄罗斯方块

图 1–10　杂志《The Tech》报道插图，展示了灯光电路结构

1.2.2　无处不在的科研展示文化

除了各种鼓励打破常规奖项、鼓励富于创意的校园“黑客文化”之外，MIT 的校园里也充满着争相展示自己研究成果的文化，媒体实验室的 demo 文化也许是这种尽力展示自己科研成果的最好实例。

MIT 媒体实验室是由前校长杰罗姆·威斯纳（Jerome B.Wiesner）和建筑系教授尼古拉斯·尼葛洛庞帝（Nicholas Negroponte）于 1985 年共同建立的，这个以倡导“反学科”（anti-disciplinary）而著名的实验室是世界上最具活力和创新能力的实验室之一，触摸屏、GPS 定位系统、可穿戴设备等与今天我们生活息息相关的重要发明都诞生自这里。

媒体实验室自成立之日起就形成了一种突出强调其科研信息展示的文化。与由军工需求支持、具有保密要求的林肯实验室（Lincoln Lab）不同，媒体实验室的研究主要是面向民用的，研究经费主要依赖业界捐助的资金支持。所以媒体实验室既为企业赞助商设有集中的开放周活动，也欢迎企业家随时来参观访问。这里的研究更多地集中于最初的创意，在没有最终成型产品的情况下，尼葛洛庞帝提出了名为“demo”（小样）的展示理念，通过富有创意的展示方式将创新理念中最吸引人的可能性展示出来。每次的开放周活动前，科学家和学生们夜以继日地工作，争先恐后地将一个个奇妙的想法在极短时间内转为富有吸引力的 demo 样品，以便在开放周能吸引更多的资金资助和更优秀的人才加盟，以将这些最初的创意变为现实。为了向平时到访实验室的企业代表展示自己的最新成果，各个实验室也都绞尽脑汁，运用最新的多媒体技术、互动装置等，结合透明的玻璃墙创造最有吸引力的展示效果（图 1–11 ~ 图 1–13）。这种无处不在的展示氛围与文化，激发了媒体实验室的科学家们作出大量跨学科、颠覆性的研究，他们在手上投影便携式手机键盘，把汽车折叠成一半减少停车面积，设计可以登山攀岩的高强度义肢，甚至让瘫痪的人演奏一整个乐队的音乐。

“要么展示，要么毁灭”，媒体实验室这种 demo 文化也弥

图 1-11　媒体实验室面向走廊设置的可以检测情绪的互动装置

图 1-12　用实物模型、视频、照片、文字等各种方式展示最新的发明成果

图 1-13　利用投影、电视等设备动态展示科研成果

漫到整个校园，你会无时无刻不被各种新颖的科研成果展示所吸引。

“无尽长廊”[①] 是连接 MIT 东西校区的交通要道，走廊两侧大部分墙面都被设计为通透的玻璃墙，各个实验室也都努力利用这些通透的墙面展示自己的最新成果。有些实验室设置了玻璃展示柜，展示本实验室最新出版的图书，透过玻璃展示柜还可以看到工作区的小型仪器设备以及用于监测和记录试验过程的电脑显示器屏幕（图 1–14），有些实验室讨论区还尽可能地将投影幕面向走廊展示（图 1–15）。作为校园里最繁忙的内

图 1–14　“无尽长廊”两侧通透的玻璃展示柜，以及通过玻璃隔墙看到实验室正在进行的研究工作

图 1–15　各个实验室都尽可能将投影幕面向走廊布置

① “无尽长廊”是指麻省理工学院校园中一条连接东西校区的直走廊，因其促进了新知识和新想法的传播，启发了无限的创新探索，得名“无尽长廊”。

图 1-16　9 号楼一层多功能房几乎每天中午都举办提供午餐的讲座

走廊，师生每日往返其中可以很方便地看见其他实验室内正在进行的讲座和讨论、实验操作过程，了解其他院系正在进行的最新研究，不同学科背景的人们在这里轻松地分享知识、信息与新的想法，有效提高了各学科之间知识与信息的传播效率。

在 MIT 还有一种更生动有趣的展示科研成果的方式，那就是各种带有免费餐食的会议和讲座。从“无尽长廊”墙上各式各样的海报中，也可以了解到这个学校的学者对于展示自己、分享知识与寻求交流的渴望：一些学院专门挑选中午时间举办面向全校和社会的会议，并在走廊上张贴“会议赠送午饭套餐”的海报吸引路过师生的注意。很显然，麻省理工学院并不担心这些被吸引来的听众不是本专业人员，或者听不懂会议的核心内容，他们更在意的是非专业人士能从会议里得到哪些新鲜的、能促进跨学科交流的灵感和启发，食物在这里成为一种重要的创造展示与交流机会的手段（图 1–16）。还有一个很好的例子，就是在每年 4 月举办的剑桥科学节上，MIT 都会组织“与科学大家一起午餐”的系列讲座，讲座会邀请各领域的顶尖科学家（包括诺贝尔奖得主等），与学生和公众一边吃自带的午餐，一边讨论讲座主题。这种新颖的形式在传播了科学前沿知识的同时更吸引了许多非专业人士，有效地拉近了普通公众与这些学科的距离。

1.2.3　最能激发创新的空间环境

随着科学系统日益复杂化，科研合作特别是跨学科科研合作可以使不同知识背景的科研人员突破学科界限，激发新观点、新思路，从而加速知识创新过程。许多重要的科学突破、知识创新以及重大社会问题的解决往往都与跨学科研究紧密地联系在一起。MIT 能取得如此多令人瞩目的创新性成果也与其校园中广泛的跨学科合作研究的开展有着极为密切的关系。

笔者利用 MIT 学院研究合作工具（Faculty Research Collaboration Tool）获取了 430 位高学术产量的学者自 2004 年至今（2022 年 3 月）的合作网络数据 [11]（图 1–17）。据统计

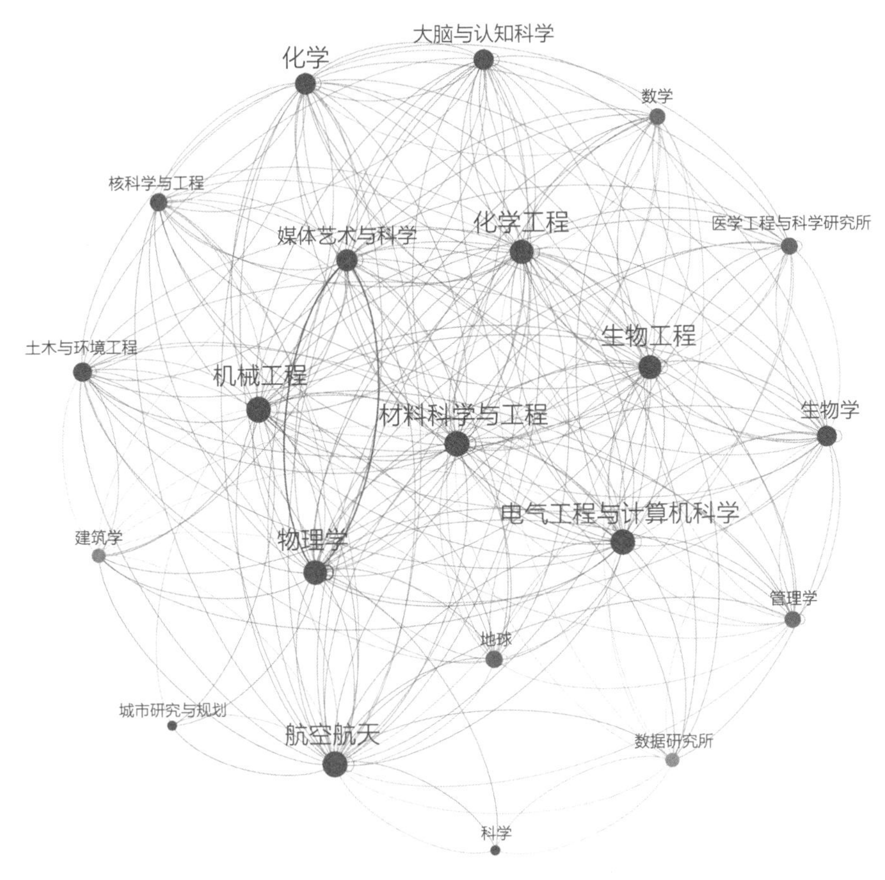

图 1-17　MIT430 位高学术产量学者所在学科 2004～2022 年的合作网络图（图中的节点代表不同学科，节点之间的连线代表合作关系，节点字体大小反映合作学科数量）

（表 1-2），这 430 位学者分布在航空航天、建筑学、生物工程、生物学等 21 个学科，人均合作人次①达 233 次，人均跨学科合作人次达 89 次，各学科的跨学科合作人次占比平均数高达 71%。可见，MIT 高学术产量学者的合作研究成果丰富，而且跨学科合作是其中最主要的部分。

那么，是什么促成了这些跨学科合作研究的广泛开展呢？除了鼓励创新的管理制度与充满创新精神的校园文化外，更重要的也是最容易被忽略的，就是 MIT 提供了一种最容易激发和孕育科研合作的校园空间环境。

麻省理工学院斯隆管理学院的托马斯 · 艾伦（Thomas J.

① 此处统计单位为“人次”，即 A 与 B 合作了 2 次，A 与 C 合作了 3 次，则 A 的合作人次统计为 5 人次，且不考虑两组合作是否包含了相同的成果。

MIT430 位高学术产量学者 2004~2022 年的合作数据统计　　表 1-2

学科	样本人数	人均合作人次	人均跨学科合作人次	跨学科合作人次占比
航空航天 Aeronautics and Astronautics	23	22.9130	13.2174	58%
建筑学 Architecture	3	8.6667	8.6667	100%
生物工程 Biological Engineering	29	74.3448	53.2414	72%
生物学 Biology	31	48.9032	28.4194	58%
大脑与认知科学 Brain and Cognitive Sciences	20	31.2000	17.2000	55%
化学工程 Chemical Engineering	25	74.8800	52.6400	70%
化学 Chemistry	22	60.1364	48.7727	81%
土木与环境工程 Civil and Environmental Engineering	12	19.0833	11.9167	62%
地球 Earth	9	15.2222	5.7778	38%
电气工程与计算机科学 Electrical Engineering and Computer Sciences	75	140.5333	118.4533	84%
数据研究所 Institute for Data	3	5.3333	5.3333	100%
医学工程与科学研究所 Institute for Medical Engineering and Science	7	14.5714	6.8571	47%
管理学 Management	10	7.2000	5.0000	69%
材料科学与工程 Materials Science and Engineering	26	104.2308	39.0385	37%
数学 Mathematics	8	36.2500	36.2500	100%
机械工程 Mechanical Engineering	33	46.5758	35.7879	77%
媒体艺术与科学 Media Arts and Sciences	8	970.1250	968.1250	100%
核科学与工程 Nuclear Science and Engineering	15	28.6000	20.6667	72%
物理学 Physics	66	1037.7727	195.8788	19%
科学 Science	2	1.0000	1.0000	100%
城市研究与规划 Urban Studies and Planning	3	0.6667	0.6667	100%
平均		233.4	88.7	71%

Allen）[①] 教授是组织心理学与管理学专家，专注于探讨组织结构与行为之间的关系，以及物理环境空间如何影响沟通和互动。早在 20 世纪 60 年代，他就开始针对 MIT 的校园空间对学者们交流频率的影响展开了研究。艾伦教授说："人们创造出非常复杂的组织关系，如部门、项目小组等，但却忽略掉物理空间的差异也能产生完全不同的效果……创意什么时候出现是无法预测的，但你能创造出一个让这种创意更易于形成的环境和空间。"他认为，MIT 的校园空间是激发创造性交流互动

① 托马斯·艾伦教授在 1970 年代发现并提出著名的"艾伦曲线"，即用一种图形揭示工程师之间的联系频率随着工程师之间距离的增加而呈指数级下降的趋势。随着人们广泛认识到交流对创新的重要性，"艾伦曲线"逐渐成为管理学领域关于创新研究的重要基础与原则，在很多领域都产生了非常重要的影响。

的最好场所。

著名数学家、“控制论”之父诺伯特·维纳（Norbert Wiener）① 是麻省理工学院有史以来最杰出的教授之一（图 1-18）。他的同事曾回忆维纳非常喜欢沿着主楼“无尽长廊”散步以寻找灵感。他四处游走，非常关心除了数学之外其他学科的研究进展，经常同其他学科的研究人员聊天、交流。麻省理工学院大部分师生都反映，这种特殊的校园空间是最适合进行学科交叉的科研环境。

图 1-18　诺伯特·维纳

2016 年庆祝 MIT 搬迁剑桥一百周年的采访视频中，人文及社会科学学院院长梅丽莎·诺布尔斯（Melissa Nobles）评价道：“MIT 所有建筑的相连使人们消除了隔阂与障碍，这是学校协作与创新精神的物理空间体现”；城市规划系教授约翰·奥奇森多夫（John Ochsendorf）也说道：“老师们在建筑中因学科交融而产生新的想法，这是令人惊喜的意外，建筑的连接性是关键，否则各领域、各学科的突破是很难产生的”；执行副总裁兼财务主管以色列·鲁伊斯（Israel Ruiz）认为：“在平时的工作中，我们很难想象那种频繁地来回于上下楼层的状态，但是把建筑放平且全部连起来，一切都行得通了，这为我们的现代科学知识追求奠定了基础”。[10]

可见，MIT 有着最易于激发和孕育跨学科合作的校园空间环境，结合鼓励打破学科界限、打破常规的奖项，鼓励充满创意的校园“黑客文化”，不同专业的学者们也竭尽所能地展示自己科研成果的文化，所有这些共同营造了 MIT 最具有创新精神与创新文化的校园环境，真正将创新思维与文化弥漫在校园的每一个角落。

---

① 诺伯特·维纳先后涉足哲学、数学、物理学和工程学，最后转向生物学，在各个领域中都取得了丰硕成果，其中最突出的是提出控制论并创立这门学科。控制论主张任何机器、生物、社会系统都能根据环境变化来调整和决定自我的运动。控制论为生理学发展作出巨大贡献，也驱动了香农的信息论的诞生。

第2章

MIT 创新环境背后的教育哲学

2.1 MIT 创建的历史背景

2.1.1 欧洲启蒙运动与科学技术教育理念的影响

17 世纪及 18 世纪发生于欧洲的启蒙运动（Enlightenment）把人们从迷信和蒙昧中解放出来，相信理性发展知识可以解决人类实存的基本问题[12]。启蒙运动的矛头直指“黑暗的中世纪”，批判以宗教神学作为知识权威与传统教条，提倡理性与敢于求知，认为科学和艺术的理性发展可以促进人类进步。

启蒙运动所提倡的理性精神推动了作为知识来源的科学和作为进步手段的技术的进一步发展。与此同时，英国率先完成第一次工业革命①，开始陆续影响美国、德国等国家，西方世界开始进入工业时代。工业时代的到来深刻地影响了当时的社会文化思潮，也包括高等院校的教育理念与办学传统。在这样的背景下，以神学院为主的传统大学地位受到动摇，重视科学技术成为新兴大学的教育理念之一，麻省理工学院正是那个时代背景孕育的产物。

2.1.2 美国《莫雷尔法案》的推动作用

1862 年颁布实施的美国《莫雷尔法案》（*Morrill Land-Grant Act*）（图 2–1），是针对美国高等教育最早也是最重要的法案之一，它开启了美国高等教育的现代化进程。这项法案的提出者贾斯汀·史密斯·莫雷尔（Justin Smith Morrill）是美国佛蒙特州的众议员及参议员。他出身平凡，一直非常关注处境艰难的农民和手工业者，极力主张联邦政府通过赠予公地的方式为农民谋福利。莫雷尔认为，通过发展农业技术教育，可以提高农民科学种田的意识以及对实用技术的接纳和推广，从而促进农业发展。早在 1857 年，莫雷尔就在美国第 35 届国会上提出了题为“捐赠各州与准州公共土地，旨在资助为实现农

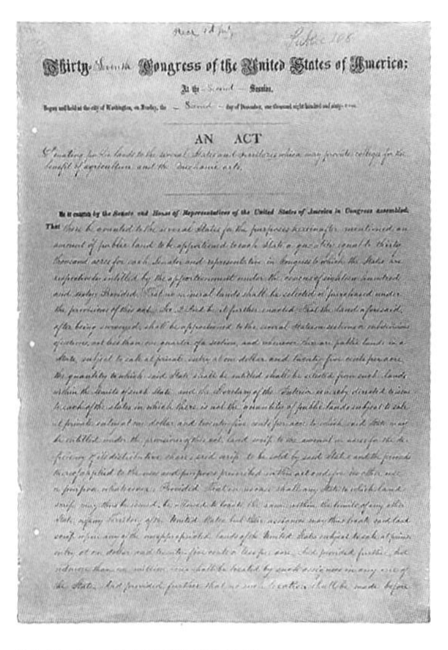
Thirty-Seventh Congress of the United States of America;

AN ACT

Be it enacted by the Senate and House of Representatives of the United States of America in Congress assembled,

图 2–1 《莫雷尔法案》

① 18 世纪 60 年代从英国开始的第一次工业革命中，蒸汽机作为动力机被广泛使用。这是技术发展史上的一次巨大革命，它开创了以机器代替手工劳动的时代，极大地提高了生产力，同时也推动了社会、经济等多方面的变革。

业和机械艺术之利益的学院”① 的提案，但未获得通过。一直到 1862 年才获得时任总统林肯的签署颁布。根据法案规定，“联邦政府在每个州至少资助一所学院从事农业及工业教育；依据 1860 年规定分配的名额，各州每有一名国会议员即可获赠三万英亩公地或等值的公地期票；各州通过赠地或者出售赠地的获利应用于资助和维持至少一所大学的发展，这些大学的宗旨在于教授农学、军事战术和机械工艺，也不能排除其他科学和古典科学的研究，从而促进劳工阶层子弟能接受通识教育和应用技术教育”[13]。

法案同时规定，5 年内未能使用的赠地将全部退还给联邦政府，因此各州积极响应，并结合自身实际情况采用不同的方式设置赠地学院。马萨诸塞州在法案资助下新办了一所农业学院：马萨诸塞大学阿莫斯特分校，并把部分赠地资金补助给麻省理工学院。直到 1922 年，共建立了 69 所赠地学院，包括后来发展为知名学府的康奈尔大学、伊利诺伊大学、麻省理工学院等，这些高校开始重视农业与科学技术教育，重视实用知识与技能，逐渐摆脱欧洲大学的传统办学模式，有力地推动了美国的高等教育改革。

2.2　创始人威廉 · 巴顿 · 罗杰斯的教育哲学

2.2.1　罗杰斯早期教育实践

麻省理工学院创始人威廉 · 巴顿 · 罗杰斯（图 2-2）1804 年出生于宾夕法尼亚州费城，父亲帕特里克 · 罗杰斯（Patrick Kerr Rogers）是来自爱尔兰的移民，到美国后进入宾夕法尼亚大学学习，后曾任弗吉尼亚州威廉玛丽学院教授。童年的罗杰斯在父亲的指导下受到了良好的家庭教育，中学毕业后，他进入父亲所在的威廉玛丽学院学习。

1825 年完成在威廉玛丽学院的课程学习之后，罗杰斯在

图 2-2　威廉 · 巴顿 · 罗杰斯

① An Act Donating public lands to the several States and Territories, which may provide colleges for the benefit of agriculture and the Mechanic arts.

他的兄弟亨利·达尔文·罗杰斯（Henry D. Rogers）的陪同下去了马里兰州，在巴尔的摩附近的温莎小镇开办了一所小型拉丁文法学校（维多利亚时代相当于一所高中）。在离开弗吉尼亚州之前，他认为到马里兰州从事教育工作会有很多机会，他自信在威廉玛丽学院接受的古典科学教育将为巴尔的摩及其周边地区打开新教育的大门。然而事实并非如此，创办的学校举步维艰，后来他成为马里兰学院（Maryland Institute）的讲师，把学校交给了他的兄弟负责。马里兰学院是1825年仿照费城的富兰克林学院（Franklin Institute）创办的。罗杰斯在执教期间开始对科学项目的组织及其在高等教育领域的作用表现出浓厚的兴趣。这段工作经历成为他创办技术学院的重要实践启蒙。他在数学、物理、化学和天文学领域任教，可以自由地准备科学讲座，并发展他所教授领域的研究兴趣。因此，这段早期教学实践使他的关注点完全集中到了科学上。随着他对高等教育与科学教学的兴趣与日俱增，他也开始重视实验室的作用。在马里兰学院的教学经历使罗杰斯明确了自己对高等教育、科学和实验室的终生兴趣[14]。

1828年威廉玛丽学院邀请他去接任去世父亲的职位。自此，他开始了长达25年的在南方的教授生涯，包括在威廉斯堡（Williamsburg）的7年，以及随后在弗吉尼亚大学（University of Virginia）的18年。这一时期整个国家处于动荡的时代，罗杰斯面临着南方校园生活中与奴隶制相关的暴力文化的挑战[14]。从1835年起，罗杰斯开始从事地质工作。1835年至1842年，罗杰斯进行了弗吉尼亚州的首次地质考察，在那七年的时间里，他克服重重困难收集了许多样本，绘制了一张完整的地质图，这让他成为美国公认的山脉权威，弗吉尼亚州的罗杰斯山就是以他的名字命名的。在这次考察期间，罗杰斯遇到的一个难题是找不到同时掌握科学知识和技术仪器的人才，这段经历也让他意识到，充满新兴产业的社会需要大量集智慧与技能于一身的人才①。这也成为他重视技术教育与创办技术学院的思想来源。

---

① 视频《the founding of MIT: persistence of vision》，来源于 https://youtu.be/XIh37OR4MPk。

随后，罗杰斯于 1844 ~ 1845 学年被任命为弗吉尼亚大学校长，并在 1845 年作了一个长篇报告应对立法会计划废除大学年度拨款的提案。在报告中，罗杰斯提到了弗吉尼亚大学对推动国家高等教育的贡献，包括其区别于传统教授与死记硬背的选修系统及讲座模式，他认为这是基于社会实践需求考虑的，为学生提供广泛而生动的课程学习，以应对未来不同的职业选择。

罗杰斯在弗吉尼亚大学的教学经历与新式的教育理念无疑对其日后办学理念的形成产生了最重要的影响。他的教职地位使他在更广泛的科学界受到了认可，他的研究工作使他意识到科学与技术结合的重要性，他作为校长的领导角色也激发了他对高等教育改革的兴趣。

但作为一个坚定的废奴主义者和达尔文主义者，罗杰斯已经厌倦了校园持续不断的学生骚动，而且他也意识到弗吉尼亚大学并不倾向于科学，这里并不是一个能够追求科学、实现他教育理想的地方。1848 年 3 月，罗杰斯向弗吉尼亚大学递交了辞职信。尽管来自学生和教师的呼吁使他推迟了五年辞职，但罗杰斯早就下定决心离开这个地区。在这五年期间，罗杰斯结婚了，他的妻子艾玛·萨维奇（Emma Savage）是北方人。罗杰斯从艾玛和她的家人身上看到了他所期望的改革精神。1853 年春天，罗杰斯和他的妻子一起前往马萨诸塞州，并决定在波士顿追求他创办理工学院的梦想 [14]。因为波士顿是美国主要的商业中心之一，也是美国所有州中工业最发达的地区，是最需要工程师的美国城市。罗杰斯被波士顿的进取精神所吸引，他认为他理想中的理工学院可以在那里实现。

2.2.2 罗杰斯“手脑并用”的教育哲学

罗杰斯的教育哲学的形成与他所处的时代不无关系，他出生于 19 世纪初，经历了美国历史上的重要转折。他见证了美国从农业国家到工业国家的转变，并深刻地认识到技术对国家发展的重要意义。

虽然在 19 世纪 50 年代的高等教育中，教育改革已经逐渐被重视并有所创新，但罗杰斯认为，当时仍然没有一所大学能提供全面的课程，也没能有效地综合理论与实践。从罗杰斯早期的教育实践也可以看出，他一直都对科学、技术、高等教育感兴趣。几十年来，罗杰斯一直在和他的兄弟亨利谈论一种新的理工学院。在当时，对科学的研究集中在基本原理上，与工业生产中的实际问题有些脱节。罗杰斯和他的兄弟开始思考如何将科学与技术连在一起，也就是我们今天说的科技。这在当时是一个革命性的想法，通过在学校接受培训，人们可以成为建筑师、工程师或科学家。他希望学生们能掌握科学知识，而不局限于掌握机器的运转要求，他想要培养的是能指导国家工业化发展的人才，而不是制造零件的工人。因此，罗杰斯的教育哲学强调的是科学理论与技术实践的融合，这也是他创办麻省理工学院的基本理念。他主张把重点放在实践的课程上，以解决实际问题为目标，为学生提供工程学中的几个专业，提供专攻自然科学的机会，并通过实验室研究的方式进行教学[14]。他坚信实验室的经验比传统的讲座更能有效地融合理论和实践。

教育方式也是罗杰斯一直致力改革的重点。早在马里兰学院任教时，他就试验了多种与学生交流科学观点的方法，传统的教学模式一直困扰着他。后来他到威廉玛丽学院和弗吉尼亚大学任教也没有停止对教育方式改革的探索，也正是基于这些实践经验，他发现需要同时将科学的广度与深度、理论和实践全部纳入课程体系，传统的古典大学根本无法满足他的构想。罗杰斯非常反对死记硬背的学习方式，而是强调动手学习，因此建立先进的实验室至关重要。所以从一开始，麻省理工学院就很注重实验室工作的创新，刚进入大学的本科生就有机会在实验室亲自动手参与大量的工作，而不仅仅是看着别人展示实验结果。罗杰斯认为这种生动的学习方式更能给学生带来持续的影响。现在回看麻省理工学院 1865 年开设的第一套课程，会发现其与现在学院对每个新生的一般要求基本一致，即数学、化学、物理都是新生的必修课程。这其实就是罗杰斯所追求的融合科学广度与深度的教育理念，他希望学生在明确未来专攻领域前能对基础科学有相对广泛的认识和了解。

时间已经证明了罗杰斯创立麻省理工学院的教育哲学是先进且灵活的，一百多年来学院的发展能一直忠于他创立时期的理念，同时在新领域出现时又能敏锐而勇敢地吸收反馈，学院的发展既有非常明显的连续性，又能灵活地适应时代的变化和需求。

今天的麻省理工学院发展成为世界最先进、最有创新能力的大学之一，罗杰斯最初构想的教育目标已然实现，即培养解决重大问题且有独立思考能力的学生。罗杰斯的教育哲学对麻省理工学院的影响是永恒的。

2.3　罗杰斯创办 MIT 的过程

罗杰斯几十年来一直在思考理想中理工学院的教育理念，在这个过程中他给政界人士、慈善家和教育领袖撰写了提案，希望他们考虑国家科学发展必不可少的教育改革，经过多次尝试，他最终在马萨诸塞州找到了实现的地方。

当时的波士顿正在进行后湾（Back Bay）的填海工程，同时还有一系列的改革运动，包括禁酒运动①、和平运动以及著名的废奴运动②，这些都体现了波士顿激进的改革精神。波士顿在创造财富的同时也创办了各种慈善企业，捐建学校、医院、图书馆、博物馆等有益于整个社区的机构。这些都是波士顿吸引罗杰斯的地方，他深信他理想中的学院可以在波士顿的后湾得到实现。1860 年 5 月，罗杰斯等 18 位有识之士组成了一个专门委员会，共同组织筹建他理想中的理工学院，也就是后来的麻省理工学院 [15]。罗杰斯重视实验室教学与强调理论与实践相结合的办学理念获得了委员会的支持，罗杰斯作为

① 酒精一直是引发社会问题的重要因素之一，包括家庭破裂、暴力犯罪等。19 世纪，禁酒协会在英格兰和纽约兴起，美国于 1826 年在波士顿成立了第一个禁酒促进会，并吸引了千万美国青年开展相关活动。

② 美国独立后，南美实行奴隶制，黑人奴隶是种植园奴隶主的私有财产；北美工商业资产阶级、广大劳动人民和黑人则要求废除黑人奴隶制。19 世纪 30 年代，威廉·加里森（William Lloyd Garrison）在波士顿创立新英格兰反奴隶制协会并出版了《解放者》周刊，推进了美国其他废奴组织的建立。南北战争爆发后，废奴主义者全力投入战争。在广大人民群众的推动下，林肯总统颁布的解放宣言宣告废奴运动的最终胜利。

委员会主席，多方奔走筹集学院必需的资金和土地，经过多次激烈的听证会和反复论证，马萨诸塞州众议院和参议院最终于1861年4月批准了麻省理工学院的成立。

然而，在学院成立的两天之后，美国南北战争①爆发，刚刚诞生的麻省理工学院不得不陷入停滞，但罗杰斯并未中断他的科学研究与推动麻省理工学院的工作。内战冲突使得关注实用技术的科学家受到了前所未有的关注，技术对社会发展的重要性逐渐被大众认识。这也是麻省理工学院的办学理念得以存续的重要原因。然而，因为战争带来的挑战还是不可避免的，尤其是筹集资金的困难。州政府给了罗杰斯期限筹集资金，如果到期未能筹足资金将收回麻省理工学院的办学许可。在这期间，有人提出将麻省理工学院与哈佛大学合并，遭到了罗杰斯强烈地反对，他认为麻省理工学院的核心理念就是自治，即可以自由地选择不同的教学方法、课程设置以及科学研究方法。与传统大学的合并会让理工学院陷入僵化的传统，其创新的办学理念将无法延续。

1862年《莫雷尔法案》的通过给麻省理工学院的资金筹集带来了转机。根据《莫雷尔法案》，各州可以通过赠地或者出售赠地的获利资助大学的发展，而被资助的大学必须教授农学、军事战术和机械工艺，从而促进该州的劳工阶层接受通识教育和应用技术教育[15]。罗杰斯深信麻省理工学院可以扮演好这个角色。经过反复周旋，麻省理工学院最终获得了资助。为了接受资助，罗杰斯调整了他最初为麻省理工学院撰写的方案计划，包括增加学生的军事指导、向州政府开放管理委员会职务等。虽然获得了这笔资助，但距离要求的十万美元仍然有一定差距，就在期限的最后几天，波士顿的物理学家和慈善家威廉·沃克（Willian J. Walker）捐赠了六万美元，麻省理工学院的资金危机总算彻底解除[14]。

办学许可、用地以及资金都已准备到位，罗杰斯终于可以开始认真思考开课的问题。罗杰斯首先着手准备了《工业科学

① 美国南北战争是美国历史上最大规模的内战，也是工业革命后的第一次大规模战争。战乱波及了整个美国，最后以北方联盟获胜、奴隶制被废除而告终。

学院的范围与计划》(*Scope and Plan of the School of Industrial Science*)(1864 年)，作为大学课程的基础。他明确了学院的办学目的是提供与实用技术相关的先进科学原理的教学。在方案中，他将教学计划分成了针对常规学生与特殊学生的两个部分。所谓的特殊学生是指对相关知识感兴趣的广大公众，为避免与他们的日常工作时间冲突，上课一般安排在晚上，以讲座的形式进行。罗杰斯的目的是希望他们不用经过系统的学习，就可以通过这些讲座获得实用的知识。讲座提供的基础课程涵盖了数学、物理、化学、地质学、植物学和动物学等领域，内容都强调科学理论与实用技术的联系。与常规学生课程不同的是，针对特殊学生的课程没有考试与实验练习的部分。这一部分的计划其实也是罗杰斯最早关于麻省理工学院提案的内容之一，即为更广泛的社区带来福利 [14]。罗杰斯对于常规全日制学生的计划则更为系统与专业，学生可以在建筑、化学、地质、工程（包括土木和机械两种）中选择专攻的领域，在前两年进行理论学习，后两年进行实践学习。无论哪个领域的申请人都必须经过考试，入学后也会有各个阶段的考试检测学习进度，四年的课程结束后会有综合检测与论文要求。当然，罗杰斯的课程计划也有一定的灵活性，允许有经验的学生提前完成课程。实验室依然是罗杰斯设定的课程核心。他明确学生在进行不同学科学习时，都必须通过实验室的练习掌握操作与分析方法。当时美国的高等教育对学生的实验室指导不够重视，因此罗杰斯广泛地收集、学习欧洲的经验，尤其是法国与德国的经验。最终，罗杰斯于 1864 年 5 月 30 日完成了该计划的最终草案，并通过了委员会的批准成为麻省理工学院的第一份课程计划（图 2–3）[14]。

完成课程计划后，罗杰斯将重心放到了招募教师的工作上。罗杰斯选择了约翰·伦克（John D. Runkle）为数学系主任，他毕业于哈佛大学的劳伦斯科学学院，是本杰明·皮尔斯（ Benjamin Peirce ）的学生，同时是《数学月刊》(*Mathematical Monthly*) 的成员，罗杰斯认为他非常符合麻省理工学院教育理念的需求。对于机械工程的教授职位，罗杰斯选择了比伦克更具有实践经验的威廉·沃森（William Watson），他毕业

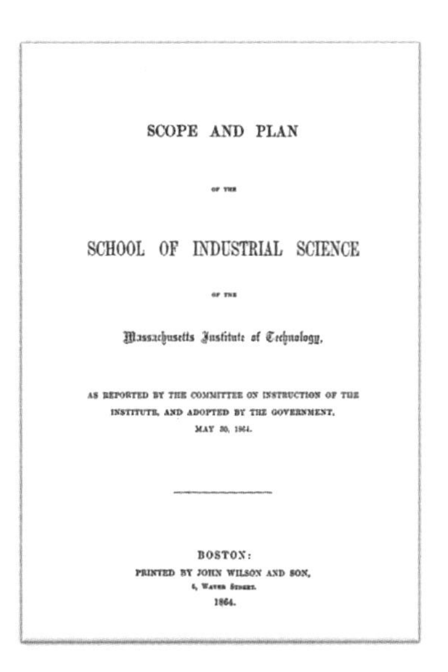
SCOPE AND PLAN

OF THE

SCHOOL OF INDUSTRIAL SCIENCE

OF THE

Massachusetts Institute of Technology.

AS REPORTED BY THE COMMITTEE ON INSTRUCTION OF THE INSTITUTE, AND ADOPTED BY THE GOVERNMENT. MAY 30, 1864.

BOSTON:
PRINTED BY JOHN WILSON AND SON,
5, WATER STREET.
1864.

图 2–3　《工业科学学院的范围与计划》封面

于哈佛大学后留校任教，之后又前往巴黎的桥梁和道路学校（Ecole des Ponts et Chaussees）进修，在那里他专注于土木工程，后来又回到哈佛任教。除此之外，罗杰斯还聘任了通用化学教授、法语教授、绘图教授，而他本人除了担任学院院长之外，还负责地质和物理的教学。罗杰斯也并未忽略人文学科，他聘任了英语语言与文学教授、哲学教授等。总的来说，罗杰斯细致地建构了麻省理工学院的教学团队，他坚信他们能推进美国高等教育的现代化[14]。

1865 年 2 月 20 日，麻省理工学院终于开始了它的第一堂课，但是由于后湾的建设还没完成，学校在波士顿市中心的商业大楼里租赁了临时的空间。一直到次年秋季正式开学，学院才得以返回后湾的校区，而且学生人数也从一开始的 15 人增加到 70 人，同时罗杰斯还聘任了五位新的教师。其中包括罗杰斯非常欣赏的艾略特（Charles W. Eliot），他有着丰富的欧洲经验，而且非常重视实用技术，这与罗杰斯的教学理念不谋而合。在了解到麻省理工学院的办学理念后，他欣然接受了罗杰斯的邀请，成为负责化学领域的一员[14]。

罗杰斯理想中的理工学院终于开始正式运作。

第3章

波士顿时期：创新环境的初创

3.1 波士顿时期的社会需求与学科发展

学科的发展和分化是影响校园空间变化的重要因素。19世纪中叶，工业革命席卷美国，MIT 作为一个“不仅教授工艺细节和操作，更要灌输基础科学原则”[16]的理工学院，学科演变深受工业革命新成果的影响。

1873 年，MIT 设立洛厄尔工业艺术学院，这里不仅有设计专业，还有面向全校的免费公共课程。1874 年，MIT 将实验室分为物理与力学、化学分析与操作、冶金与矿业、工业化学四大类，以应对越来越快的新增学科和专业分化。到了19 世纪 80 年代，电气工程系、化学工程系、女性教育等学科得以迅速发展。19 世纪 90 年代，卫生工程系、海军建筑系成立，同时采矿工程系与地质学分离。进入 20 世纪，1903 年，海军建筑系、物理、化学、地质与采矿工程专业又组合为自然科学学部[17]，同时各种科学领域的研究生课程也应运而生。学院每年产出的专利和论文数量繁多，一部分优秀的成果也曾受邀参加国际展览，如 1876 年费城国际百年展览，其中洛厄尔工业艺术学院的展品被日本教育博物馆收藏，用以指导日本的工业美术教育。1900 年巴黎博览会，作为代表美国展示工程和建筑高等教育的机构之一，MIT 荣获了包括工商业教育金奖、高等教育金奖、美术金奖、矿业采石场工程金奖等奖项，还被法国政府邀请参与巴黎高等美术学院的设计。

MIT 十分重视科研精神，无论何时都把实验室的需求放在第一位。同时，在建校之初，学生在前三年都接受通识课程教育，即在专业课中加入一定数量的科学常识课，而这种学习在别的学校最多进行一年。到了 1908 年，学校开设了五年制本科教育，为那些想要获取第二学位、想要学习更多通识课程及本专业课程未学完的学生提供更长久的学习条件。

总的来说，波士顿时期的 MIT 经历了工业革命的学科更新浪潮，其快速迭代的学科要求、日益变化的研究体系一方面加速了建筑空间的扩张，另一方面也导致不同学科的内部分化越来越深，学科之间的联系越来越远。1911 年，时任校长麦克劳林（Richard C.Maclaurin）注意到学科差异越来越大，于是建议本科课程应当避免过早地专业化：“虽然科学进步必然造成学科专业化程度加深，但我们更应该加强通识课程教育，我宁愿看到我们的各个学科走得更近，而不是更远。”[17]

3.2　MIT 校园的整体建设情况

《莫雷尔法案》出台后，纽约市指定了博伊斯顿街（Boylston Street）和克拉伦登街（Clarendon Street）交界处东北角的一块土地给自然历史学会和 MIT 使用，罗杰斯得到了政府给出的土地和威廉·沃克的捐款，学校正式开始筹备建设。

自 1861 年建校至 1916 年迁至剑桥的 55 年间，MIT 在波士顿的校区陆续增加了许多建筑，以便让学生使用到条件更好的实验室和教室（表 3–1）。由于工业革命时期采矿与冶金、交通工程、化学等学科的快速兴起和发展，MIT 把主要的精力集中在迅速开展相关学科的理论与实践教育上，以适应当时的社会需求。但学校对实验室空间的增量需求远远超出已有建筑的容量，与此同时，波士顿市区本已十分密集的街区也无法提供

波士顿校区主要建筑建设年份　　表 3–1

时间	校园平面图（新建 ▇，已有 ▇）	新增建筑
1861 ~ 1865 年	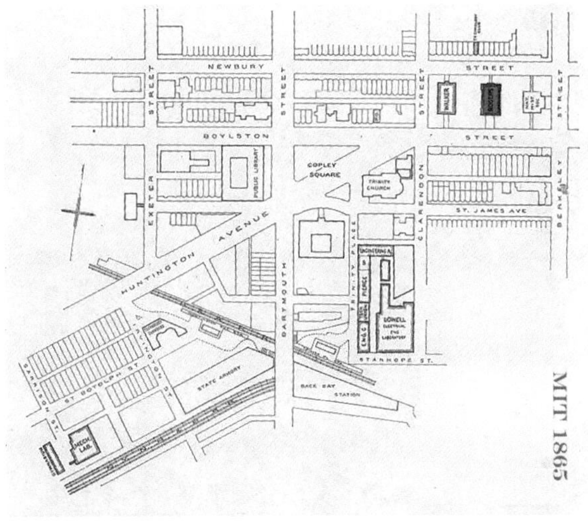 MIT 1865	罗杰斯大楼（Rogers Building，1865）

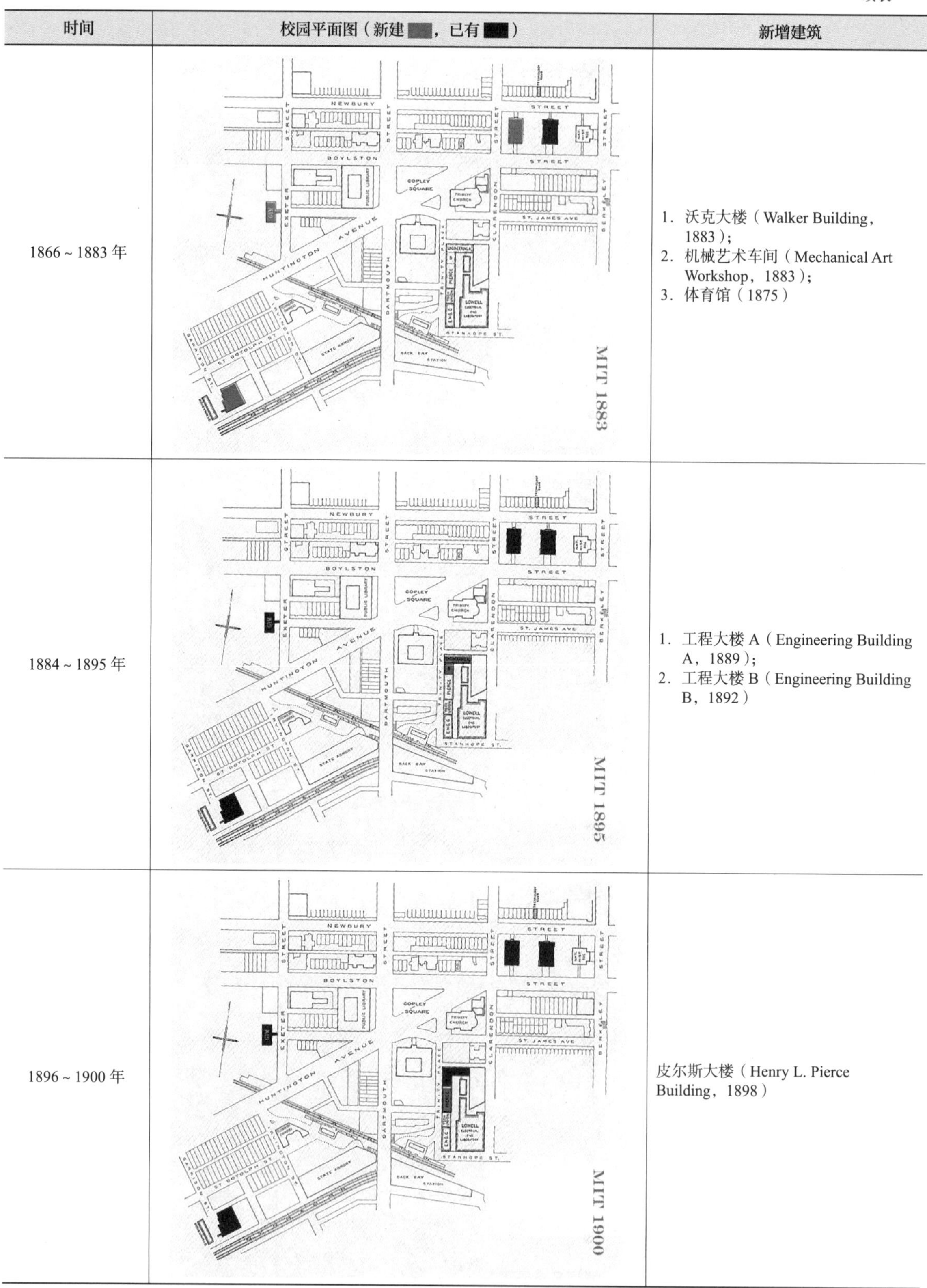

续表

时间	校园平面图（新建 ▇▇，已有 ▇▇）	新增建筑
1866 ~ 1883 年	MIT 1883	1. 沃克大楼（Walker Building，1883）； 2. 机械艺术车间（Mechanical Art Workshop，1883）； 3. 体育馆（1875）
1884 ~ 1895 年	MIT 1895	1. 工程大楼 A（Engineering Building A，1889）； 2. 工程大楼 B（Engineering Building B，1892）
1896 ~ 1900 年	MIT 1900	皮尔斯大楼（Henry L. Pierce Building，1898）

续表

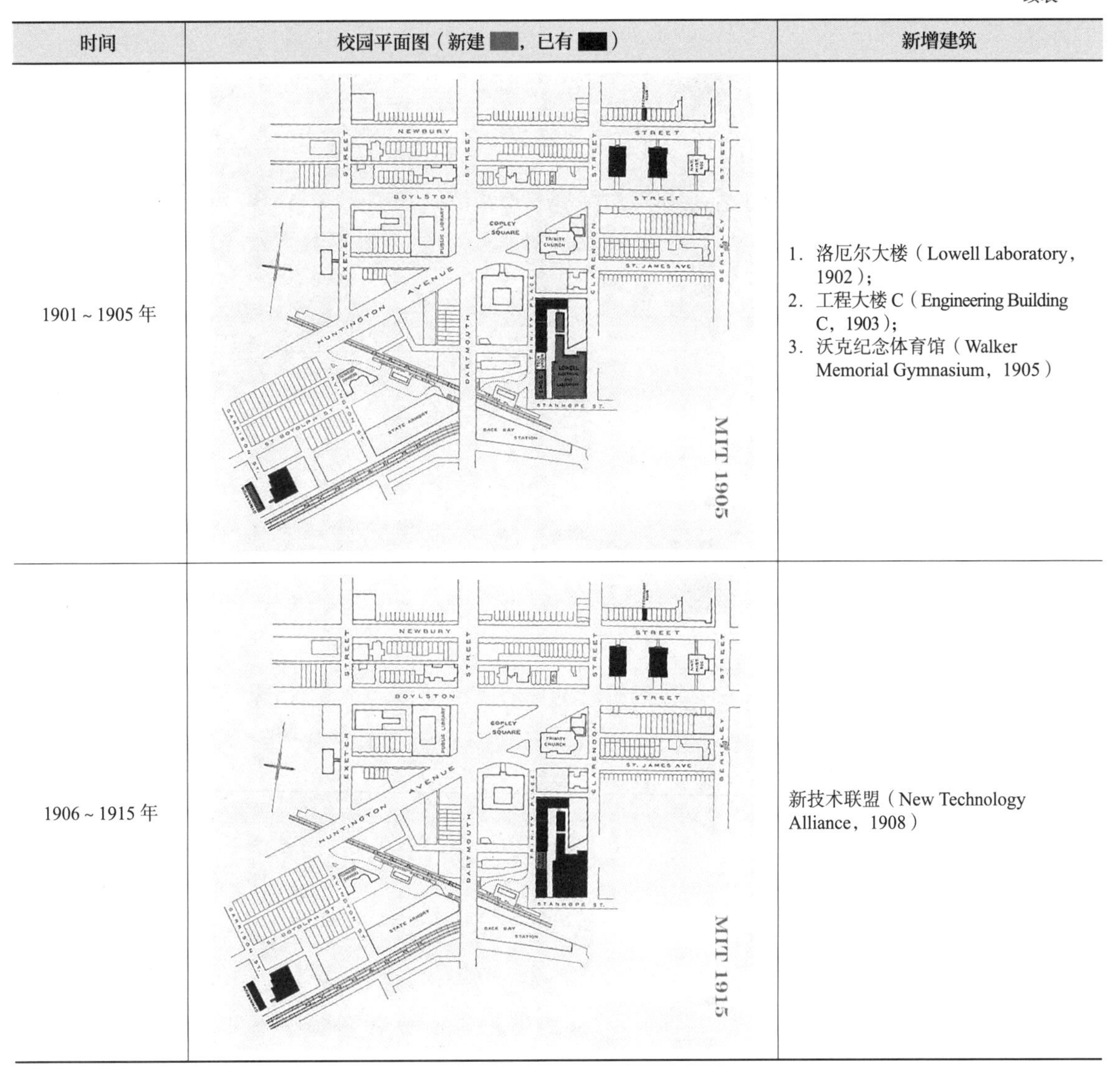

时间	校园平面图（新建 ■，已有 ■）	新增建筑
1901 ~ 1905 年	MIT 1905	1. 洛厄尔大楼（Lowell Laboratory，1902）； 2. 工程大楼 C（Engineering Building C，1903）； 3. 沃克纪念体育馆（Walker Memorial Gymnasium，1905）
1906 ~ 1915 年	MIT 1915	新技术联盟（New Technology Alliance，1908）

大面积集中土地供学校发展，因此 MIT 在波士顿的校园建筑越来越分散。

1．罗杰斯大楼

1861 年，根据罗杰斯的需求，MIT 在最初应该拥有一些专门的研究所和一栋教学博物馆。威廉·普雷斯顿（William G. Preston）为 MIT 设计了两座建筑，其中一座于 1865 年落成，并以第一任校长罗杰斯的名字命名。作为 MIT 的第一座同时也是使用年份最久的建筑，罗杰斯大楼从建校到沃克大楼落成前，承担了学校全部学科、实验室及行政部门的工作

图 3-1　罗杰斯大楼

图 3-2　罗杰斯大楼的入口门厅

（表 3-2），并在 1880 ~ 1900 年代的扩建和院系调整时期为机械工程系和采矿与冶金系提供实验室空间（后搬至工程大楼 A）。罗杰斯认为要有一个宽阔的阶梯，顶着一个宏伟的四柱式门廊，以表达自信和绅士对卓越的追求（图 3-1 ~ 图 3-3）。1916 年 MIT 迁址剑桥后 20 年内，它仍为 MIT 建筑系使用，直到 1939 年被拆除，原址新建英国互助保险公司大厦。

罗杰斯大楼概况　　表 3-2

建筑名称	罗杰斯大楼
设计师	威廉·普雷斯顿
设计 / 建成年份	1863/1865
耗资（万美元）	约 30
建筑所在位置	博伊斯顿街和克拉伦登街交界处的东北角
建筑面积（m^2）	约 4924
建筑层数	4F+ 地下室
涵盖学科	土木与机械工程、应用力学、地理与地质、采矿与冶金、生理学、植物学、生物学、数学
涵盖功能	各学科的实验室、演讲室、迎宾门厅、行政办公室
建筑现状	1939 年被拆除
备注	MIT 的第一座建筑，以第一任校长威廉·巴顿·罗杰斯命名

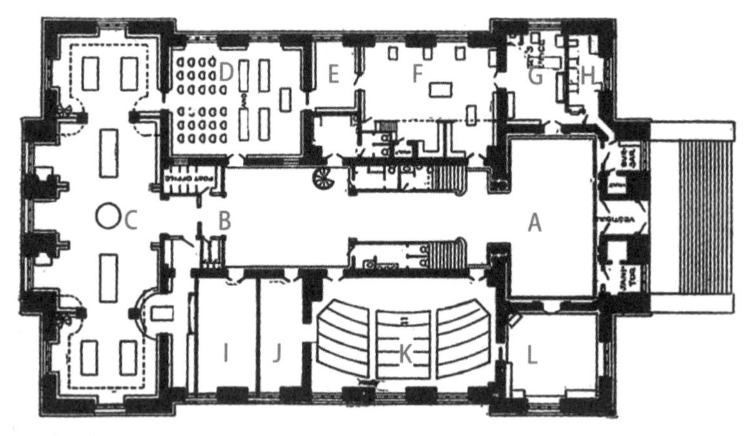

A. 入口门厅
B. 后厅
C. 图书馆阅览室
D. 教师办公室兼英语教室
E. 委员会
F. 部门办公室
G. 秘书办公室
H. 财务室
I. 英语教师办公室
J. 私人实验室
K. 11 号教室
L. 校长办公室

图 3-3　罗杰斯大楼一层平面图

2. 沃克大楼

考虑到各学院对空间扩张的需求，MIT 委托德国的卡尔·费默（Carl Farmer）设计新的实验室空间。1876 年，为保存 MIT 在费城国际百年庆典展览中的参展作品，以及暂时容纳专门为女性学生准备的实验室，罗杰斯大楼西侧临时设置了一座 1 层建筑。1883 年，这座临时建筑被拆除，原址上新建了 MIT 的第二座教学楼，命名为沃克大楼，以纪念第三任校长弗朗西斯·阿马萨·沃克（Francis A. Walker）（表 3-3，图 3-4）。新大楼为物理和化学系提供实验室，并在第三层为语言、历史和文学系提供教室。沃克大楼也拥有当时先进的通风烟囱、耐火砖砌表面、落地窗和拱廊，是一座精心设计的用于科学研究的建筑，表达了 MIT 追求科学精神的决心[17]。

沃克大楼概况　　表 3-3

建筑名称	沃克大楼
设计 / 建成年份	1876（1 层临时建筑）；1883（沃克大楼）
耗资（万美元）	0.7（1 层临时建筑）；16.5（沃克大楼）
建筑所在位置	博伊斯顿街和克拉伦登街交界处东北角，罗杰斯大楼西侧
建筑面积（m^2）	约 5217
建筑层数	4F+ 地下室
涵盖学科	化学、物理、电气工程、建筑学（后搬走）；语言、历史和文学
涵盖功能	化学系、物理系的实验室；工业博物厅
建筑现状	1916 年被波士顿大学的工商管理学院占用
备注	MIT 第二座建筑，以第三任校长弗朗西斯·阿马萨·沃克命名

图 3-4　沃克大楼（左侧建筑）

3．工程大楼 A、B、C

1888 年，MIT 购买了三一广场（Trinity Place）东侧的一片矩形土地，并于一年后修建工程大楼 A，为工程类学科提供独立的实验大楼，并为机械工程系和土木工程系特别安排了专业图书室和工程实验室（表 3–4）。

1891 ~ 1892 年间，MIT 新建了工程大楼 B（表 3–5）并翻新了体育馆，1903 年，为了满足新兴的电气工程和化学学科的要求，在皮尔斯大楼背后新建了两层半的工程大楼 C（表 3–6），设置海军建筑部、物理化学研究实验室和自然科学部（图 3–5、图 3–6）[17]。B 与 A 有相同的层数，但并不是每层的空间都相连，只能从一层门厅串通。建筑系从沃克大楼搬迁至工程大楼 B，缓解了化学系和物理系的空间压力。

工程大楼 A 概况　　表 3–4

建筑名称	工程大楼 A
建成年份	1889
耗资（万美元）	7.63［用于买三一广场东侧 19240ft^2（约合 1787.5m^2）的土地］；11（建筑耗资）
建筑所在位置	三一广场东侧，罗杰斯组团的西南侧 210m 处
建筑面积（m^2）	约 3574（占地面积约 16m × 45m）
建筑层数	5F+ 地下室
涵盖学科	机械工程、土木工程
涵盖功能	工程实验室、绘图室、演讲室、教室、专业图书室
建筑现状	拆除
备注	此楼解决了机械工程系在罗杰斯大楼产生的噪声问题

工程大楼 B 概况　　表 3–5

建筑名称	工程大楼 B
建成年份	1892
耗资（万美元）	未知
建筑所在位置	三一广场东侧，紧贴工程大楼 A 的南侧
建筑面积（m^2）	按地图比例约为工程大楼 A 的 1/3，约 1200
建筑层数	5F+ 地下室
涵盖学科	建筑学
涵盖功能	电气博物馆、水泥砂浆实验室、大工作室、图书馆、水彩绘图室
建筑现状	拆除
备注	建筑系从沃克大楼转移至此

工程大楼 C 概况　　表 3-6

建筑名称	工程大楼 C
建成年份	1903
耗资（万美元）	未知
建筑所在位置	三一大街与斯坦霍普街（Stanhope Street）转角处，皮尔斯大楼南侧
建筑面积（m^2）	约 3530
建筑层数	3F
涵盖学科	海军建筑部、物理化学研究实验室和自然科学部
涵盖功能	以上学科的教室、实验室
建筑现状	拆除

图 3-5　1892 年的工程大楼 A 和 B

图 3-6　1903 年的工程大楼 C

4. 皮尔斯大楼

1897 年，詹姆斯·克拉夫茨（James M. Crafts）上任校长，希望把三一广场东侧的土地全面利用起来，并于第二年紧挨着工程大楼 B 修建了皮尔斯大楼，随后建筑系率先搬进皮尔斯大楼（表 3-7，图 3-7、图 3-8）。

皮尔斯大楼概况　　表 3-7

建筑名称	皮尔斯大楼
建成年份	1898
耗资（万美元）	未知
建筑所在位置	紧挨工程大楼 B 南侧
建筑面积（m^2）	约 3530
建筑层数	5F+ 地下室
涵盖学科	建筑学、化学、地质学、生物学
涵盖功能	建筑实验室、建筑图书馆、展览室、工业化学实验室
建筑现状	拆除

5. 洛厄尔大楼

1900 年，MIT 购买了工程大楼 A 边上的 51000ft^2（约合

图 3-7　皮尔斯大楼正立面

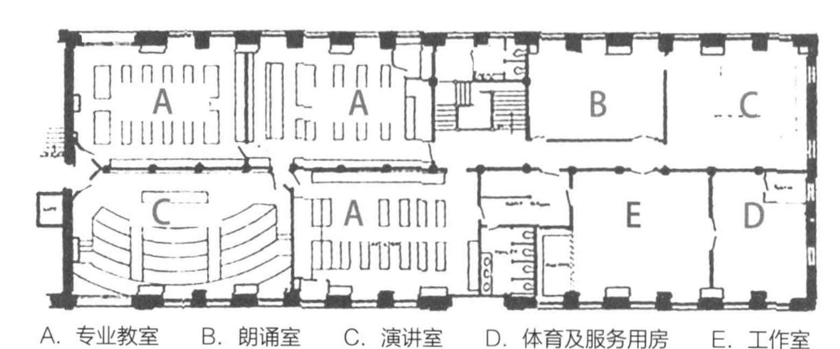

图 3-8　皮尔斯大楼一层平面图　A. 专业教室　B. 朗诵室　C. 演讲室　D. 体育及服务用房　E. 工作室

4738.1m^2）的土地，希望把建筑扩展到整个矩形场地中去。两年后，为了缓解沃克大楼的压力，学校将电力工程系从物理系分离出来，并为之建设了电气工程大楼，命名为洛厄尔大楼（Lowell Laboratory）（表 3-8）。这里一度成为当时世界上设备和空间资源最完善的电气实验室之一。

洛厄尔大楼概况　　表 3-8

建筑名称	洛厄尔大楼
建成年份	1902
耗资（万美元）	35
建筑所在位置	工程大楼组团东南角，斯坦霍普街临街
建筑面积（m^2）	未知
建筑层数	1F
涵盖学科	电气工程（从物理系分离）、化学、现代语言
涵盖功能	电气工程实验室
建筑现状	拆除

6．体育馆、机械车间及其他建筑

除了以上主要教学建筑外，波士顿市区中还分布着学校的体育馆、机械车间等空间。

1875 年在博伊斯顿街和克拉伦登街的拐角处建设的体育馆，为学生运动以及军事科学演练提供了场地。1882 年体育馆搬迁至埃克塞特街（Exeter Street）。1905 年，由于体育馆租期已到，土地被波士顿和奥尔巴尼铁路公司收回，于是在加里森大街（Garrison Street）新建了沃克纪念体育馆，作为培养社交能力的学生活动中心使用。该体育馆也于 1916 年拍卖出售。

到了 1883 年，机械艺术车间搬到加里森大街的新建筑中，占地约 20000 ft^2（约合 1858.1m^2），并配有美国当时最好的刨床、铣床和其他专业设备。该建筑于 1916 年拍卖出售。

1902 年，MIT 在亨廷顿大街和欧文顿街的转角建设了 MIT 的第一个宿舍，在此之前，学生们都寄宿在周围公寓里。

1908 年成立的学生组织“新技术联盟”占用了一个两层高的艺术展览空间，其位于皮尔斯大楼和工程大楼 C 之间。1911 年也有校友匿名购买了缅因州一块面积超过 700 英亩（约合 283.3 万 m^2）的土地，赠给学校作为土木专业的暑期实践营地。此外，一些技术型社团或学生会也购买了自己用来集会的空间，如 1901 年技术俱乐部在纽伯里街（Newbury Street）购买了一座小车间作为活动场地等。

3.3　波士顿时期 MIT 校园主要面临的问题和矛盾

3.3.1　校园空间严重不足

新的学科不断地增加，已有的学科也逐渐分化出新的专业，这使得学科对专业教室和实验室的需求大大增加。MIT 的董事会非常关注每年学院上报的需求，几乎每一年都有不止一个学院申请更大的实验室或专业教室，如 1875 年化学系因空间不足而借用了冶金实验室的空间，教授们甚至利用自己的私人空间授课；1889 年前，原罗杰斯大楼地下室为机械实验室，但由于后续引进的大型设备运行影响楼上其他学科的工作，机械系只能申请搬到新的空间，这也间接地推进了工程大楼 A 的建成。

学科课程改革也促成空间的变化。MIT 的课程量大且内容丰富，课程内容的调整也很频繁。如1889年，土木专业的课程中加入了力学，机械工程专业的部分课程也变为普通工程学科，教室、实验室、图书馆的使用率不断上升。1892年，沃克希望缩短不必要的通识课程学习周期，让学生在第二年就进入专业学习。这些改革无疑增加了对空间的需要，以至于工程大楼B刚落成一年，空间不足问题又被提上议程。

学生人数的增加也导致学校空间日益紧张。建校以来，得益于先进的教学理念和身处工业大州马萨诸塞州的地理优势，新生的人数上升速度很快。截至1916年，MIT在校人数由1865年首届72名学生，增长到1957名（图3–9）。部分年份学生人数下降的原因很多，如学校因财政困难而被迫上涨学费（1874年、1903年），因入学政策的改革导致大量新生无法通过入学考试（1905年）等，但当地和纽约的学生还是为MIT提供了稳定的生源保障。学生数量的不断上升造成了实验室的日益拥挤，促使学院向董事会提出扩张请求。为缓解空间不足的问题，学校是否应该限制入学新生的人数？1907年，代理校长阿瑟·阿莫斯·努瓦斯（Arthur A. Noyes）首次就这个问题展开讨论。他认为近两年的低年级人数应当加以限制，但长远来看人才将会流失，这阻碍了一所优秀学校科研教育的优势。应当从完善空间分配和教育体制来改善现状，例如更多的大班授课、更多的教学空间等。

住宿条件也严重不足。由于早期生源主要来自本地或邻

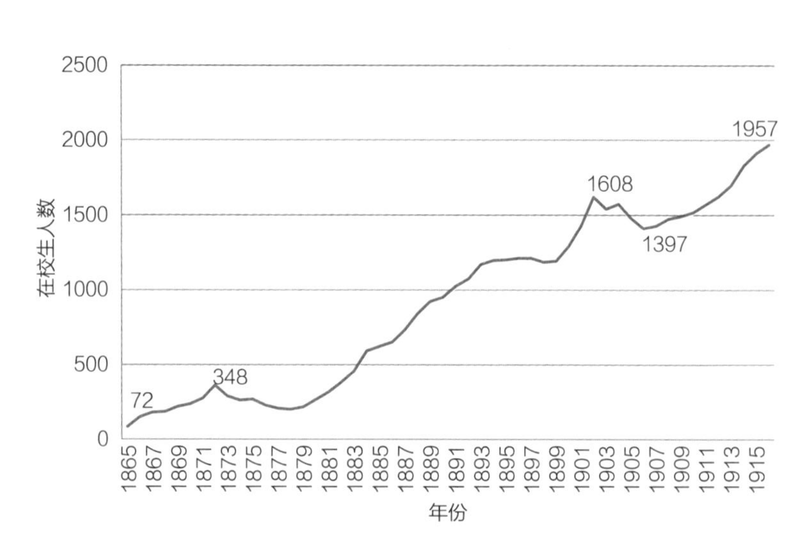

图3–9　波士顿校区在校生人数变化图

近的城市，MIT 并没有提供住宿空间，而是鼓励本地学生在家居住，外地学生则在波士顿市区租房居住。当时的校长报告也明确地分析了生源的住宿分布：1904 年的数据显示 44%（685/1561）的学生在家居住，剩下超过半数学生需要自己租房，而有 10% 的学生只能住在遥远的郊区。时任校长亨利·普里切特（Henry Smith Pritchett）强调过建立集中管理的宿舍对学生顺利完成学业的关键性，认为外地学生不应受住宿问题困扰 [19]。虽然 1902 年建设了宿舍，但由于没有更多合适的空间，住宿条件也一直难以满足学生的需求。

教学实验室等空间严重不足是 MIT 在波士顿时期最难以解决的问题，也直接导致了 MIT 董事会在哈佛收购事件（见后文 4.1.1）之后开始着重考虑搬迁至新校区的事宜。

3.3.2　校园建筑日益分散

由于 MIT 的各栋建筑分散在城市密集建成区中，学校很难获得已有建筑周围其他建筑的使用权（如教堂、交通枢纽等），因而新增建筑一直是被动式遵循“空间不足——购买可用土地——建设新楼——实验室搬迁”的扩张逻辑，建筑更多地被局限于零碎地块之中，不像如今的剑桥校区那样集中连贯。化学系的塔尔博特（Talbot）教授认为，化学实验室不仅十分拥挤，而且分散在四座建筑中，这导致不同部门间的工作人员对彼此的兴趣大打折扣 [19]。

分散的校园空间造成了不必要的通勤时间的浪费，正如亨利·普里切特校长所说的，“从一组建筑过渡到另一组建筑所浪费的时间变得越来越令人难以忍受”。[20] 当时还是 MIT 建筑系学生的威廉·博斯沃思（William Welles Bosworth）也曾回忆道：“在冬天，从沃克大楼到旧的主楼进行不同课程的学习是很残酷的，因为没有外套。” [17]

3.3.3　办学经费十分有限

MIT 最初是由州政府资助的公立学校，前期的主要资金来源为政府资助、校友每年不固定的捐赠和学生的学费，其中学费占比甚至超过一半，而且出于鼓励科研和吸引更多学生入学的考虑，需要设立多项奖学金。沃克在1880年代的校长报告中写道："目前的策略是：我们希望从校内通过平衡教师工资、减少学费换取生源、建立稳定的基金会，以更好、更快地服务于校舍的扩张。同时也呼吁学校外对美国工业发展感兴趣的人士为学校捐款，并把握一切机会向美国财政部门提出更多的年度拨款。"[21]各任校长在历年报告中无不提到经费紧缺的问题，学校的赤字也越来越多。

1880年代，学校曾获得马萨诸塞州议会给出的10万美元赠款，并于1883年还清了所有债务。1890年代，沃克校长再次写信给州议会请求资金支持，并成功获得每年2.5万美元的固定拨款，所以这一段时期内学校的收支较为平衡。到了1900年代，这项拨款政策又被延续了十年[22]，所以这一时期的扩张速度明显加快。然而，MIT的资金始终仅能用于维持波士顿校区的现状，1900年代的年平均赤字仍然在2万美元以上，所以并没有足够的资金建设新校区[23]。

3.4 决定搬迁新校区

1902年，MIT的知名化学系教授亚瑟·诺耶斯（Arthur Noyes）首次在《技术评论》（*The Technology Review*）（由麻省理工学院创刊于1899年）呼吁搬迁新校址[17]，董事会立即讨论了搬迁和维持现状继续小规模扩张的利弊。因建筑数量不够、通勤时间过长、学校无法继续在波士顿扩建等原因，董事会最终采纳了搬迁的意见。

自1906年起，董事会每年都在商议学校未来的发展策略，麦克劳林校长于1909年再次系统性地整理了眼下MIT最急迫的十大问题，包括空间不足、旧建筑老化、资金紧缺、学校声誉下降等问题。

搬迁，已迫在眉睫。

第4章

剑桥时期：创新环境的完善

4.1 剑桥新校区规划设计

4.1.1 确定 MIT 新校区选址

图 4-1 理查德·麦克劳林

1909 年 6 月，年仅 39 岁的理查德·麦克劳林（Richard Maclaurin，1870—1920）成为麻省理工学院的第八任校长（图 4-1）。麦克劳林出生于苏格兰，毕业于剑桥大学，当时正在哥伦比亚大学教授物理。他具有广阔的视野，了解世界的需求，也了解麻省理工学院将带给世界的影响。

麦克劳林在就职校长后不久，就开始与学校、教师和校友一起研究、确定目标，积极推动所谓"新技术"（New Technology）的建设进程。虽然麦克劳林校长与麻省理工学院师生对未来的新校园有着宏伟的憧憬与计划，但 MIT 还是因为财务危机而陷入困境，哈佛大学也抓住时机，多次提出收购麻省理工学院的计划①。

那时的 MIT 仍然考虑自己是一所公立学校，除了国家拨款之外，不像哈佛、耶鲁等大学还有来自洛克菲勒、卡内基、斯坦福等企业界巨头的捐款。因此，筹集资金成为麦克劳林的首要工作。他不知疲倦地四处奔走，会见各地校友与企业家。1911 年，托马斯·科尔曼·杜邦（T. Coleman Du Pont）慷慨地捐出 50 万美元给 MIT 解决场地费用问题，并且承诺在未来五年内会再筹集 150 万美元。1912 年，柯达公司的乔治·伊士曼（George Eastman）捐赠了 250 万美元用于新校区建设。搬迁的事情终于看到了希望。为了给新校园寻找合适的建设用地，麦克劳林同时成立了一个五人委员会来管理搬迁选址一事，成员有麦克劳林、威格斯沃思（Wigglesworth）、哈特（Hart）、韦伯斯特（Webster）和埃弗雷特·莫尔斯（Everett Morss）。除了在波士顿周围寻找可能的用地，克利

① 1904 年，哈佛大学抓住时机提出愿意给出查尔斯河以东的一块用地，并提供 60% 的科研资金，条件是 MIT 与其合并，双方互换部分研究人员且共享教学资源和成果的著作权。MIT 内部针对此次收购事件产生意见分歧，但普里切特校长为了 MIT 的学术精神和学科发展，认为当下的重点应该是加快新校区选址一事。州议会考虑到 MIT 大部分师生的反对意见（反对票与赞成票比例，教师为 8∶1，学生为 30∶1），以提防学术垄断为由婉拒了此次合作。

夫兰（Clifton）、斯普利菲尔德（Springfield），甚至芝加哥（Chicago）都被建议为可以选择的地点之一[18]。

新校区选址委员会于 1910 年 10 月 27 日提交的调查报告总结了对波士顿周围地区以及其他建议的新校址的各种详细资料，包括场地平面图、土地价格等。其中关于波士顿周围地区的可能用地，委员会详细调查了包括位于布莱顿（Brighton）联邦大道的奥斯顿（Allston）高尔夫球俱乐部用地；剑桥市马萨诸塞大道（Massachusetts Avenue）以东的河岸以及马萨诸塞大道以西河岸用地；以布鲁克莱恩大街、河道、路易斯巴斯德、朗伍德大街为用地边界的芬威地区等 10 块用地。综合考虑用地是否靠近波士顿市区使学生、教师及访客易于到达，土地的购买成本，以及相对独立的范围等几方面因素，委员会建议包括奥斯顿（Allston）用地、马萨诸塞大道以东的河岸以及芬威地带三块用地值得进一步考虑。经过各种调查对比后，距离滨海大道 1760 ft（约合 536m）、距离马萨诸塞大道 150 ft（约合 46m）的剑桥用地最终成为首选，在寻求财政支持以及与剑桥市的数次谈判之后，1912 年 3 月，MIT 以 77.5 万美元[17]成功购买了这块查尔斯河边刚刚被填充出来的 46 英亩（约合 18.6 万 m^2）的土地（图 4-2）。

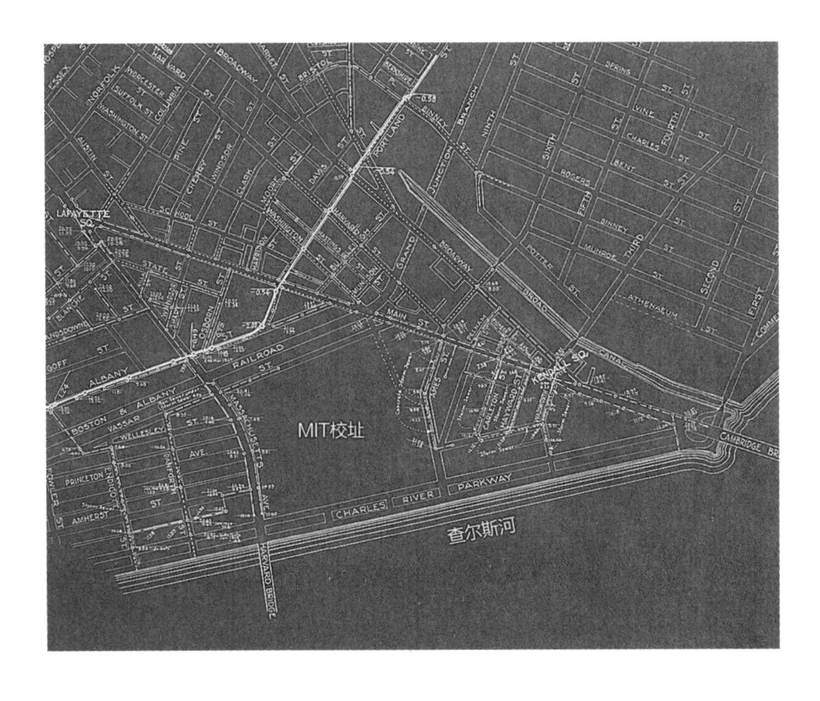

图 4-2　MIT 剑桥新校区用地

图 4–3　从波士顿望向剑桥用地

剑桥用地对于大学校园建设而言是一个极不寻常的大胆选择。地段西面紧靠马萨诸塞大道，南面是查尔斯河滨路，用地周围当时是一片杂乱而又繁忙的工业区景象，高高耸立的烟囱下，是汽车厂、糖果厂、肥皂厂等工厂，这与当时其他大学大多选址在优美如画的风景区来建设校园十分不同（图 4–3）。起初，这片新填充的土地被剑桥市计划开发成类似于波士顿后湾模式的住宅区，但因为很少有人愿意居住在工厂旁边而没有实现。

4.1.2　工业工程师约翰 · 弗里曼与“7 号”研究报告

校长麦克劳林认为新校区的建设，不仅仅是为麻省理工学院提供充足的发展空间，更重要的是向世界传达科学与技术教育的重要性。同时，他也决心加强知识与产业、研究与应用之间的联系，新校区的建设应该充分表达麻省理工学院的理想，并能体现出一种先进的科学技术教育方法。他意识到这将是一个巨大的挑战，“我们有一个难得的场地和机遇……如果我们没有提升这些建筑的水平，我们将对未来生活和工作于此的几代麻省理工学院的学生以及整个社区犯下罪行”。[25，26]

在 1912 年 3 月 20 日给校友们的信中，麦克劳林写道：“正在努力为这块用地树立起一组建筑，它们是便捷的典范，这将是世界上最好的科学设计实例……为了协助制订这项计划，我已经邀请了 1876 届校友约翰 · 弗里曼先生，他将用他极其丰富的工程经验无偿地为母校服务。”[27]

图 4-4　约翰 · 弗里曼

1．约翰 · 弗里曼与工业工程师立场

约翰 · 弗里曼（John Ripley Freeman，1855—1932）（图4-4），出生于缅因州，1872 年入读麻省理工学院，1876 年获得土木工程学院的理学学士学位，是一位国际顶尖的土木工程师，专门从事水利工程与火灾预防研究，并于 1918 年当选国家科学院院士。他曾参与设计建造多项重要的水利堤坝工程，还曾经担任中国大运河和黄河有关工程项目的政府顾问，为著名的巴拿马运河工程（Panama Canal）作出重要贡献。此外，他对火灾、地震预防研究也很感兴趣，是早期的喷水灭火系统与烟雾通风口的倡导者，美国国家消防协会创始人。

从一开始，弗里曼就对 MIT 新校园设计项目有着浓厚的兴趣。1912 年 3 月，当他得知“史密斯先生”① 的捐款后，立刻写信给学校执行委员会，建议首先要对麻省理工学院的使用需求进行彻底的研究，并愿意免费为此工作。因为弗里曼在工程领域的辉煌成就，麦克劳林校长自然接受了他的建议。而此前的 1903 年，弗里曼也曾与当时的 MIT 校长亨利 · 普利切特（Henry Smith Pritchett）一同任职于查尔斯河大坝委员会，并担任查尔斯河堤坝的首席设计师，对查尔斯河流域和周围的土地进行过大量研究工作，这也为剑桥新校园的建设提供了许多重要的信息。

长期的从业实践经历使弗里曼对工业领域建筑特别熟悉。他曾在波士顿的工厂互联火灾保险公司担任工程师和检查部门主任，接触到许多工厂建设问题，在各种重要的工业建筑结构

① 购买剑桥用地的款项主要来自于 1884 级校友实业家杜邦的 50 万美元捐助，其余部分由其他校友捐助。而新校区的建设资金则主要来自于柯达公司创始人，乔治 · 伊士曼（George Eastma）的慷慨捐赠。1912 年 3 月 5 日，他为麻省理工学院捐赠 250 万美元，并坚持要求匿名，麦克劳林校长只能对外称其为“史密斯先生”。后来因为涉及柯达股票的转让，直到 1920 年 1 月，伊士曼才授予麦克劳林校长透露他的真实身份。其实伊士曼并不是 MIT 的校友，但他的两位顶尖助手均毕业于麻省理工学院，他也因此认为 MIT 的教育代表着未来。他一生多次向麻省理工学院慷慨捐赠共约 2200 万美元的现金和柯达股票。6 号楼的伊士曼实验室墙上还挂着伊士曼的荣誉牌匾，直到今天，麻省理工学院的学生在期末考试前还保留着摸摸伊士曼先生牌匾鼻子祈求好运的传统。

修复工程中担任咨询工程师，并与当时一些著名的工业工程师建立了紧密的联系。不仅如此，他还曾批判性地研究和比较了美国与英国的纺织厂、机械加工厂、造纸厂的最新建筑类型与发展演变趋势。因此，弗里曼完全是站在一位工业工程师的视角去审视和思考新校区的建设问题，他在 1912 年 3 月 21 日给米尔斯的信中已经表达出对未来 MIT 校园的效率与经济性的关注：

“校长向我展示了多套规划与透视图，这些设计显然主要是从外部出发，为了给街上或河对岸的行人留下令人满意的建筑印象，而几乎完全没有考虑到学生在各个相关学院部门之间联系的经济性与便捷性……我看到许多伟大的工厂基于效率与科学管理的原则进行规划与重建，执行委员会的任何研究都应该考虑从这个观点出发，这将会很有帮助……例如，学习、办公和教工与部门主任的私人工作空间应该尽量接近他们各自的实验室，他们的演讲厅可以布置在实验室的对面，用各种方式努力创造一种有利于促进持续密切的个人接触和最自由融洽的交流环境。” [27]

弗里曼为了新校区的建设几乎投入了他全部的热情与精力。1912 年秋天，他将所有的调研资料与各部门空间需求评估资料进行整理，最终形成“7 号”研究报告，并于 1913 年 1 月提交给 MIT 执行委员会。

2.“7 号”研究报告的核心观点

“7 号”研究报告（图 4–5）是弗里曼在对 MIT 各个部门空间需求的详尽调研、分析的基础上完成的，实际上是一份非常详尽、完整的新校园总体规划方案报告，包括文字与图纸共 126 页［图纸部分由 MIT 1912 级的哈罗德（Harold E. Kebbo）协助绘制］。

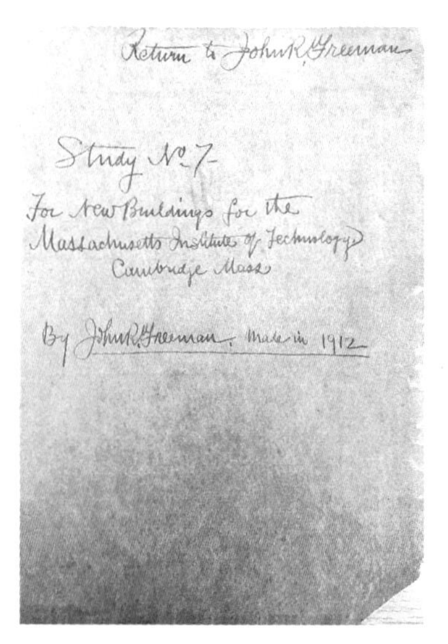
Return to John R. Freeman

Study No. 7

For New Buildings for the Massachusetts Institute of Technology Cambridge Mass

By John R. Freeman, Made in 1912

图 4–5 “7 号”研究报告封面

研究报告开篇，弗里曼便指出了现代化工厂建筑中对高效率与经济性的诉求，以及欧洲与美国大学在校园群体布局方面的显著差异，随后提出，只有效率才是大学校园设计中的关键因素，围绕这一核心思想，分别从平面布置、结构设计、设备、材料、使用等各个方面进行详细论述，主要包含以下几个核心观点。

（1）强调对使用功能的深入研究

弗里曼非常赞赏工厂建筑中体现的效率与经济性。工业建筑师很少为工厂设计寻找灵感，他们更热衷于研究采光、通风，为了降低成本和提高产品质量，往往需要“对一个细节进行成百上千次的研究”[28]。工业建筑的设计是从内部功能角度出发，逐渐完善成一个建筑群的过程。与之相反，在对一些国内外大学建筑的考察过程中，他看到许多著名大学的建筑虽然拥有纪念碑式的美丽外观，但却完全忽视了内部的使用需求。用于化学教学的建筑，设计时没有考虑通风问题，或者因为建筑师对一些特定外观的偏爱，导致个别教室十分昏暗。弗里曼认为建筑师们往往花太多的时间在建筑外观和形式上，从而忽略建筑的实用性与功能性，而纪念碑式的建筑并不适合于研究和教学工作。因此，弗里曼在“7 号”研究报告中指出，校园建筑应该向现代化工业建筑学习，关注建筑内部的使用功能。他坚信，应该首先是一个高效率的内部，然后才是一个美丽的外观，而且“问题必须由内而外得到解决”。

弗里曼首先带领 MIT 的一组毕业生对使用功能进行了非常详细的调查。不但研究了各学院的实验室、演讲厅、学习空间的实际需求，还进一步考察了诸如演讲厅的讲台、座椅摆放、空间设备以及电力、水、煤气、气压的连接位置等各种细节。这些功能的布置既要便于管理，又要能为学生提供便利条件。与此同时，弗里曼也开始整理近些年去欧洲旅行的资料和照片，巴黎的艺术博物馆，柏林、慕尼黑最新建成的工业技术学校与实验室都给他留下了深刻印象。为此，他制订了详尽的案例调研与研究计划，对这些近期建设的大学校园与技术院校的建筑与设施，以及最新建成的酒店结构与通风系统都进行了详细研究与系统分析，总共研究了超过 2000 栋建筑。MIT 特藏档案馆完整地保留了这些研究报告、调研计划和往来书信，他们对大学校园建筑相关案例研究的系统性和完整性，直到今天读起来仍然令人印象深刻。

与此同时，弗里曼也特别关注建筑内部的采光和通风条件，他认为每个房间都应该有充足的自然光线和大量的新鲜空气。“7号”研究报告中提出的设计方案从建筑结构的选择、平面的布局到建筑剖面的设计对采光与通风都进行了综合考虑。从主楼剖面图（图4–6）可以看出，除去窗下墙布置采暖设备外，窗户几乎达到整层的高度，开窗的宽度也充满整个柱间。这样的采光条件已经优于当时最新也是对采光要求最严苛的纺织工厂。弗里曼还建议在建筑顶层全部采用当时工业建筑中常用的北向锯齿形天窗，以获得更好的自然采光条件，锯齿形天窗可以隐藏在建筑檐口后面，不会对建筑外观带来影响。此外，为了研究建筑开窗以及运动场地的位置，弗里曼还绘制了一份太阳与阴影位置图表，可以方便地查找和计算每个学期中的每一天、每一个小时的阴影情况（图4–7）。弗里曼对整

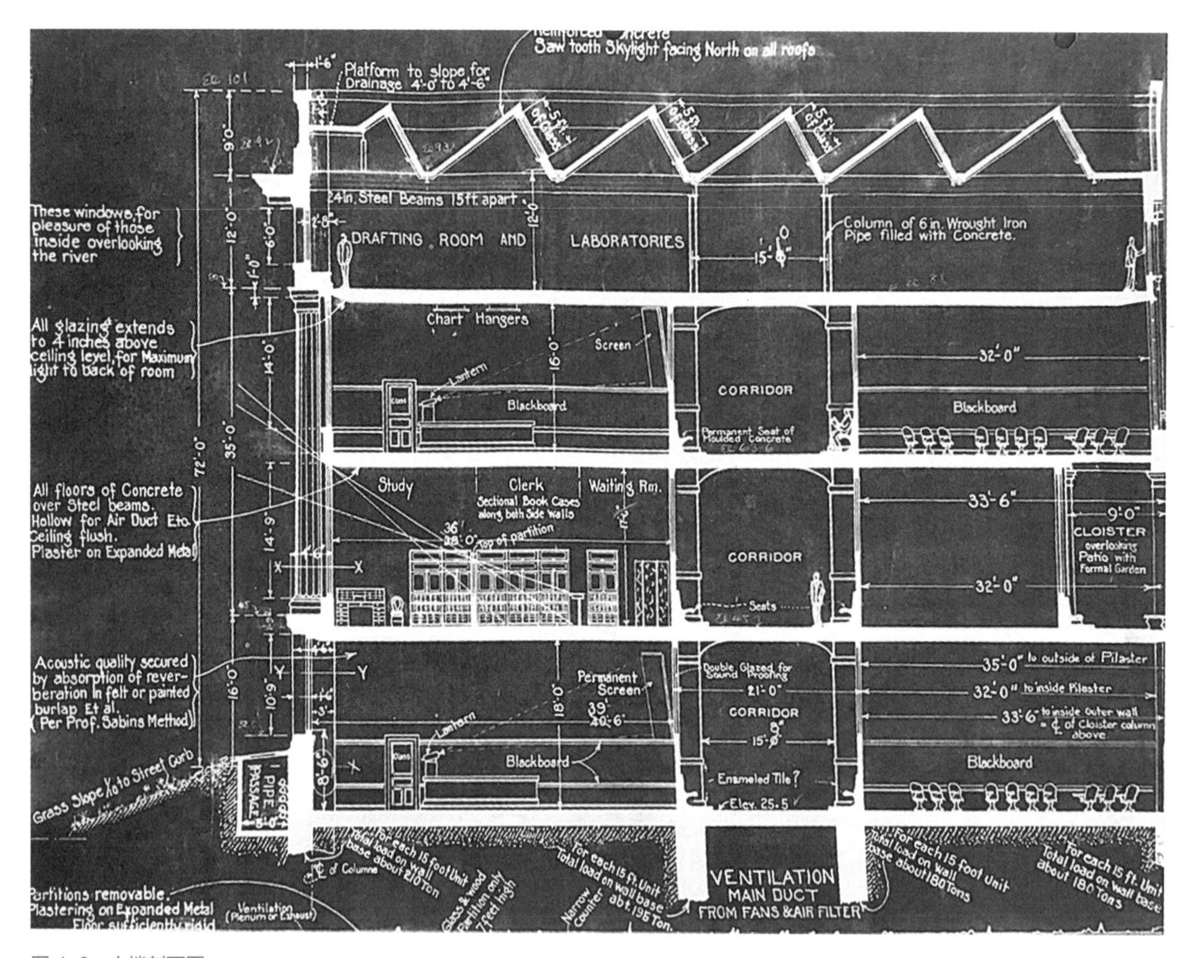

图4–6　主楼剖面图

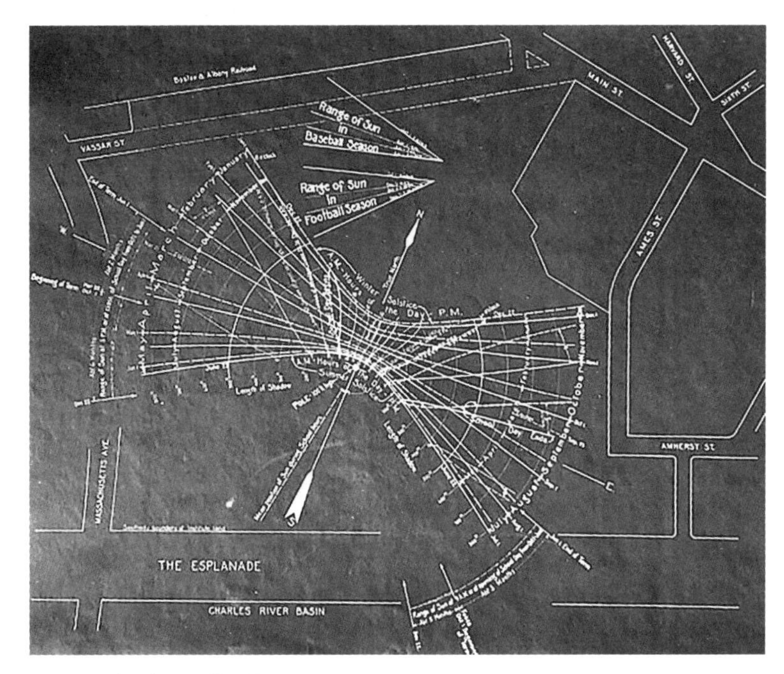

图 4-7　太阳与阴影位置图

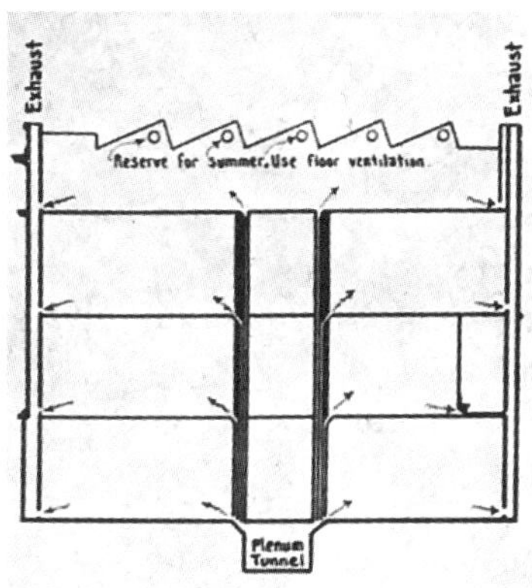

图 4-8　主楼通风系统设计

个建筑的通风也进行了系统设计（图 4-8）。首先结合结构单元的四角设置垂直通风管道，靠近外墙的垂直风道用于排气，并在顶层相应位置设置电动吸风器，而靠近建筑内侧的通风管道则直接与底层走廊下面的通风主管道相连通。此外，弗里曼也建议设置空心楼板为实验室设备提供足够的支撑强度，结合空心楼板可以布置水平向的通风管道，再与垂直通风管道相连，形成完整的通风系统。

（2）强调平面灵活使用的适应性

为了提高平面使用的灵活性与适应性，弗里曼认为应该首先研究制定一个由窗户、柱子和屋顶组成的标准空间单元，两侧的轻质隔墙可以灵活变化，以适应新的使用需求。为此，弗里曼提出使用钢筋混凝土框架结构，一方面可以获得更灵活的内部空间与更开阔的开窗，另一方面，这种结构的重量较之当时常用的砖石结构更轻便、耐火，更适合于剑桥用地填海而成的地质条件。

钢筋混凝土结构单元尺寸是精心设计的（图 4-9、图 4-10），宽约 4.6m，长 11m，结合两侧非承重的中空隔墙，可以组成一间尺寸最经济的 24 人教室，也可以为一位教授或者两位副教授提供足够的研究空间。使用移动轻质隔墙，两个或者三个空间单元可以组合成更大的教室，用于大规模的讲座或集会。内廊宽度也是经过对各种类型建筑走廊的详细研究而确定的。两侧墙面之间净宽达到 6.4m，即使是柱间最狭窄处也有将近 5m，既可以提供通行功能，也可以满足师生课间讨论与交流的使用需求。此外，每个靠走廊的柱子表面都布置了一整套包

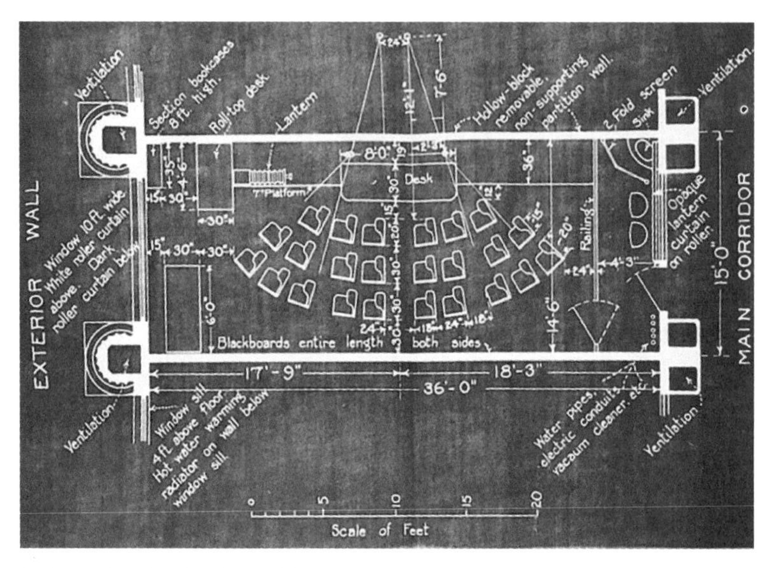

图 4-9　主楼平面空间单元布置图

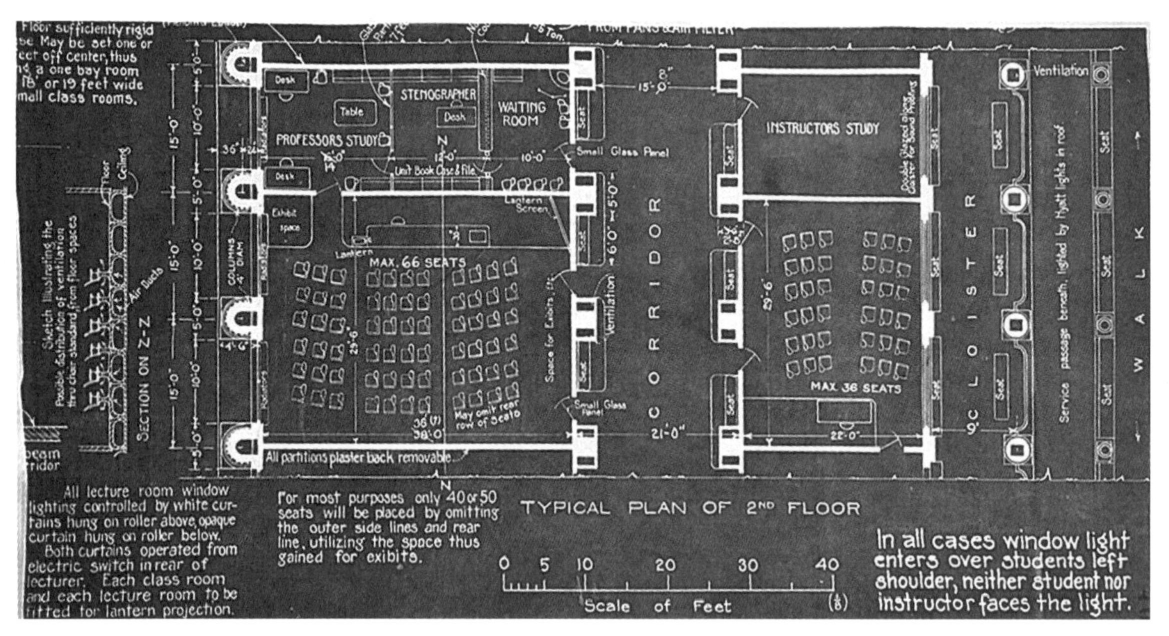

图 4-10　主楼平面空间单元布置图

含水管、电线导管、真空除尘管和排水管的设备管道，即使未来教室规模改变，只需要移动隔墙，每个教室或实验室总会有设备管道口方便连接。

由此可见，弗里曼提出的标准单元概念，实际上是一种集合了适宜的平面尺寸、结构与各种设备支持的完整的空间单元，最大限度地提供了适应未来变化的灵活性。同时“7 号”研究报告中提出的主楼平面图（图 4–11）也显示出这种灵活多变的特点，图纸上只明确表达了混凝土框架结构柱、外墙、垂直交通和防火墙等，各个院系部门的名称被斜向标注在平面的一些区域内，但彼此之间并没有明确的空间分隔，这也预示了所有的空间都可以随时扩大或缩小，根据院系的发展需求不断调整。

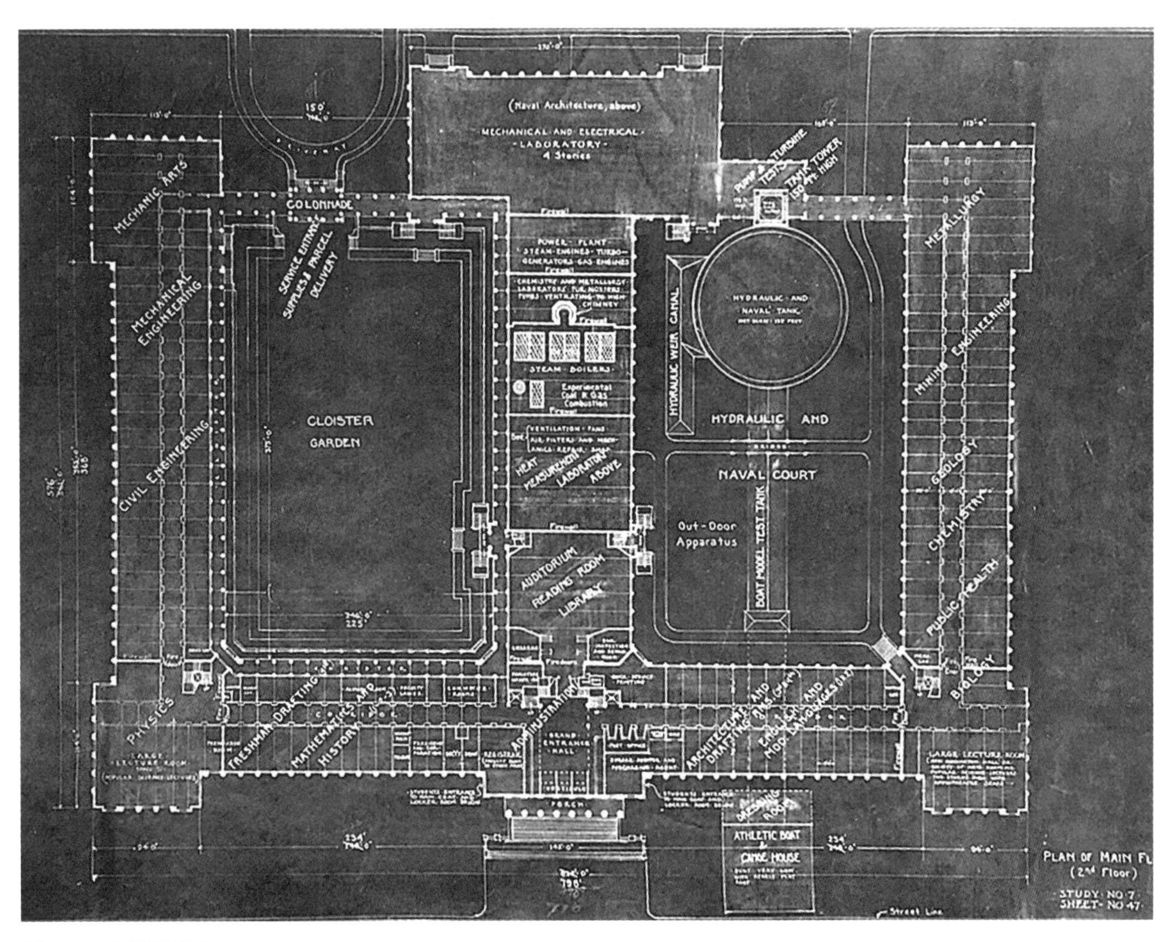

图 4–11　主楼平面图

事实上，在20世纪初期，钢筋混凝土结构仍然主要应用于桥梁、堤坝和工厂建筑中，在教育建筑中应用钢筋混凝土结构是一个具有开创性的建议，由此带来的开阔、灵活的内部空间最适合于教室、实验室和演讲厅使用。内部使用轻型材料分隔空间，可以依据需要快速建造或拆除，“院系发展与变化的灵活性必须是建筑类型设计与布置中重要考虑的部分，没有人能够在今天就告诉你这个机构的某个部分未来最大的变化是什么”。[28]

（3）强调集中式布局带来的高效率

弗里曼认为，欧洲一些著名的教育机构中建筑组织和院系分布的做法非常值得关注（图4–12）。例如在柏林郊区的工程学校、慕尼黑理工学院以及英国伯明翰大学应用科学学院最新一组建筑中，“都是尽量把不同的学院、部门安排在一个单一的、彼此相连的建筑群中，这与最好的现代化工厂的布局非常相似”。[28] 与之相反，在多数典型的美国校园中，每个院系都

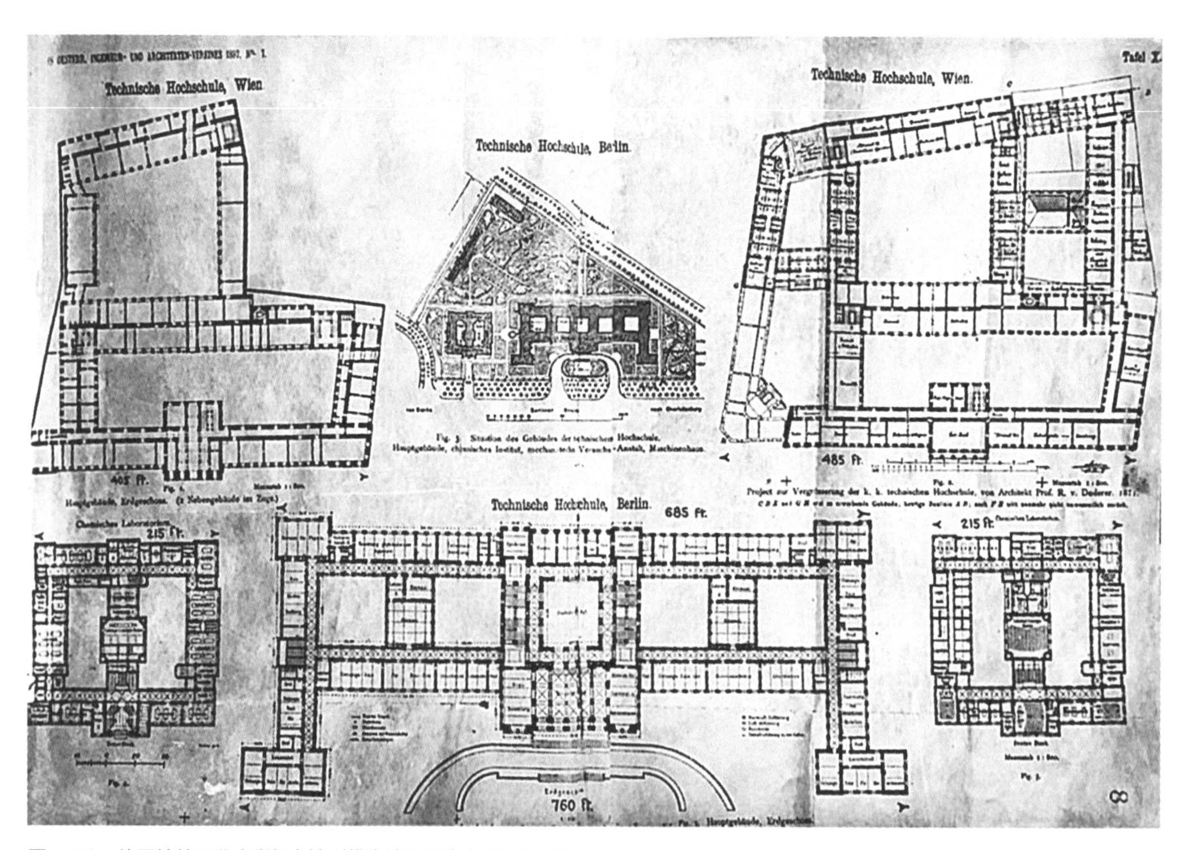

图4–12　德国柏林工业大学与奥地利维也纳工业大学的群体布局

布置在不同的建筑物里，校园建筑以零散的方式发展着，教授们待在彼此独立的院系大楼里，为了上课或听讲座，学生不得不花费大量宝贵的时间往返于各栋建筑之间，失去很多与教师面对面接触或探讨问题的机会。

因此，弗里曼主张采用集中式布局。他将所有的院系都集中放置在一栋庞大的 E 形建筑中，中间围合出两个内院，其中一个内院设有海军工程实验室，而另外一个是被架空柱廊、座椅围绕的庭院（图 4-13）。这种将所有院系集中在一栋建筑的布局策略与美国当时的大学校园有着本质的不同，例如约翰·加伦·霍华德（John Galen Howard）1901 年为加州大学伯克利分校设计的校园总体规划（图 4-14），以及著名建筑师查尔斯·麦金（Charles McKim）[①]1925 年设计的哈佛商学

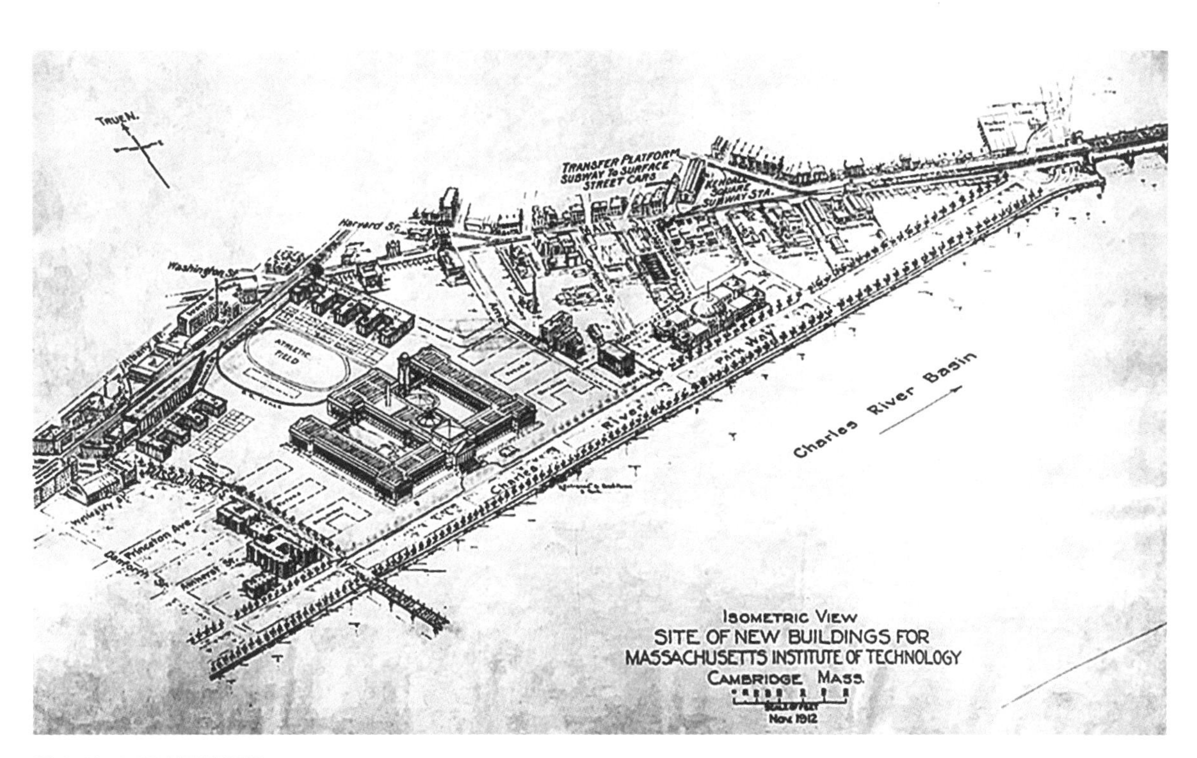

图 4-13　MIT 校园轴测图

① 查尔斯·麦金（Charles McKim，1847—1909），曾在美国哈佛大学和法国巴黎高等美术学院学习，是 19 世纪晚期美国著名的学院派建筑师，代表作品包括意大利文艺复兴风格的波士顿公共图书馆（1887—1895）、哈佛大学约翰斯顿门（Johnston Gate，1889）等。他与合伙人的公司 McKim，Mead & White 于 1925 年赢得了位于查尔斯河对岸的哈佛商学院校园设计竞赛。

院（图 4–15），它们都延续了弗吉尼亚大学校园的传统，用彼此独立的矩形体量组合出充满轴线与层次的校园空间。而弗里曼提出的集中式布局一方面节约了用地，为学校未来发展预留了空间，另一方面，所有的院系都被一条内廊串联在一起，更适应波士顿地区寒冷的天气，避免了无谓的交通时间，提高了交通的效率。而更重要的是，这种布局策略可以最大限度地打破各院系部门之间的物理界限，鼓励各部门之间更高效地沟通与合作。宽敞的“无尽长廊”（图 4–16、图 4–17）不但提供

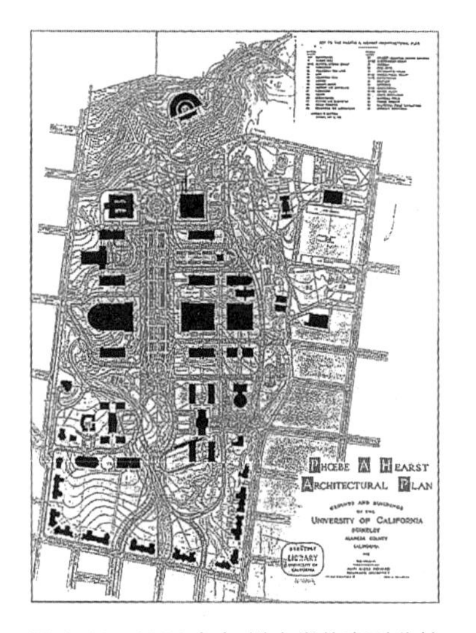

图 4–14　1908 年加州大学伯克利分校总平面图

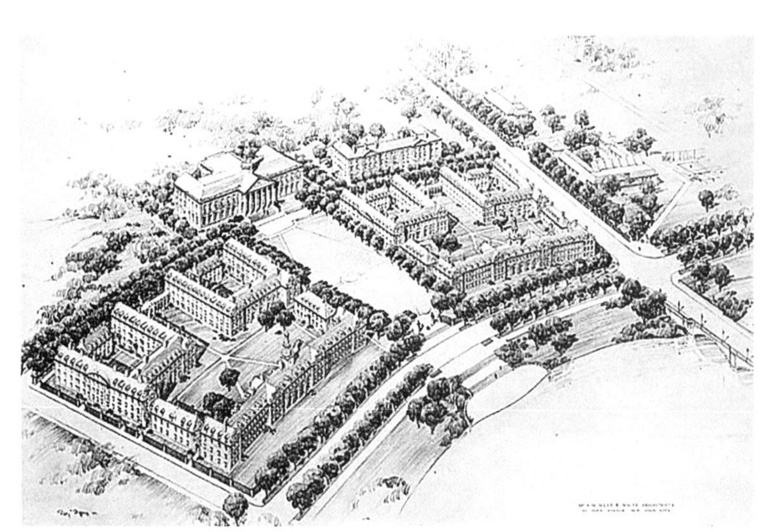

图 4–15　1925 年哈佛商学院设计图

图 4–16　“7 号”研究报告中走廊透视

图 4–17　今天 MIT 主楼内的“无尽长廊”的繁忙景象

了更多彼此相遇的机会，还提供了更多看到其他院系正在进行的最新研究的机会，不同学科背景的人们在这里轻松地分享知识、信息与新的想法，有效地提高了各学科之间知识与信息的传播效率，提升了MIT跨学科合作的潜力与知识创新的效率。

弗里曼为 MIT 新校园建设完成的“7 号”研究报告，其成果远远超过了原计划对各院系功能与空间需求的研究，非常详细地阐述了弗里曼对设计和建造高效率大学校园的思想。他特别强调了欧洲工业主义的效率和科学管理的成就，将麻省理工学院置于一个单一的大规模结构中，并将这种设计中高效率的功能组织与当时最成功的现代化工厂进行比较，摒弃了传统大学校园的图案式布局与不同院系部门相互独立设置的固有模式，这种开创性的大学设计新模式最大限度地打破了不同学院之间的物理界限与学科壁垒，在教育建筑设计领域具有重要的开创性的意义。同时，他积极主张大学校园建筑应该向现代化的工业建筑学习，由内而外，关注功能，并为新校园建设提出一整套包括运用当时还较少用于建筑中的钢筋混凝土框架结构体系，结合设备管道、结构与平面功能的空间单元，以及完整的建筑通风系统与高效的内部自然采光环境等各个方面的具体设计策略。这种从建筑内部功能出发，强调建筑的功能性与实用性的观点，其实与多年后沃尔特·格罗皮乌斯（Walter Gropius）和勒·柯布西耶（Le Corbusier）主张适应工业化社会、强调建筑实用功能与经济性、努力摆脱传统建筑样式束缚的出发点是一致的。而此时的 1912 年，格罗皮乌斯刚刚成立了事务所，与阿道夫·梅耶（Adolf Meyer）合作设计了法古斯工厂（Fagus Factory）[①] 的立面并建成，而柯布西耶刚刚结束了在欧洲的学习和旅行，开始接受钢筋混凝土是未来建筑材料的观念。两位欧洲现代主义建筑运动的先驱还处在对新材料、新建筑与新形式的积极探索阶段，还没有像弗里曼一样提出如此鲜明、完整的现代主义建筑观点。

遗憾的是，校长和执行委员会担心工厂式的校园缺乏庄重

① 法古斯工厂（Fagus Factory）是现代建筑早期的重要建筑之一。格罗皮乌斯与合作者梅耶在工业建筑师爱德华·维尔纳（Eduard Werner）设计的平面基础上，完成了建筑的外立面与内部设计。

的美感，1913 年 2 月委任校友威廉·博斯沃思为最终的设计师。此后，弗里曼向朋友抱怨他的工作和努力被忽视了，他担心他对 MIT 剑桥校区的设想不会成真，并计划未来把这些研究写成一本书来论述他对于高效率大学设计的观点和理论。但事实上，直到 1932 年去世，弗里曼再也没有提到过他为 MIT 剑桥校区所完成的“7 号”研究报告，也没有写过那本计划的书。

4.1.3 建筑师威廉·博斯沃思与新校区规划设计

虽然有伊士曼先生和杜邦等校友的慷慨捐赠，但新校区的建设资金仍然不足，麦克劳林决定再次向美国工商大亨寻求帮助，他联系到小约翰·洛克菲勒（John D. Rockfeller Jr.），也因此认识了此前多次为洛克菲勒服务的建筑师威廉·博斯沃思（图 4–18）。

1．威廉·博斯沃思

威廉·博斯沃思（William Bosworth，1869—1966）于 1889 年在麻省理工学院获得了建筑学学位，后又前往巴黎美术学院学习，是美国美术学院的“第二代”建筑师①，他们在 20 世纪头十年的美国建筑界发挥了重要作用。1900 年博斯沃思回到美国后，他的早期客户大都是热衷于慈善事业的业界大亨，后因此结识小约翰·洛克菲勒、弗兰克·万德利普（Frank Vanderlip）以及韦尔（Theodore Newton Vail）等人。其中韦尔（美国电话实业家）在 MIT 访问委员会（MIT Visiting Committee）任职，同时也是负责为麻省理工学院新校区选择建筑工程师的委员会成员，这为后来博斯沃思获得 MIT 新校区的设计委托起到了重要的作用[17]。

受美术学院建筑教育和欧洲游学经历的影响，博斯沃思更偏好于古典主义风格，他设计了 1901 年泛美博览会（Pan American Exposition）的中轴对称倒 T 形总平面布局（图 4–19），

图 4–18　威廉·博斯沃思

① 美国美术学院的“第二代”建筑师是指第二批去巴黎美术学院学习的建筑师，其他代表人物包括：恩斯特·弗拉格（Ernst Flagg，代表作 Singer Building）、查尔斯·麦金（Charles McKim，代表作 Morgan Library & Museum）、约翰·罗素·波普（John Russell Pope，代表作 the National Gallery of Art 西翼）

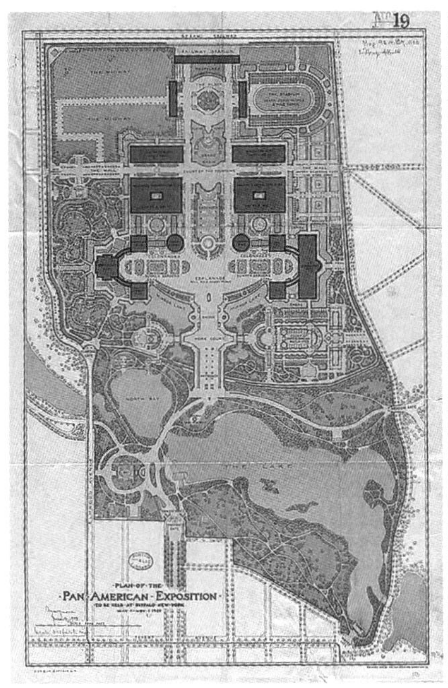

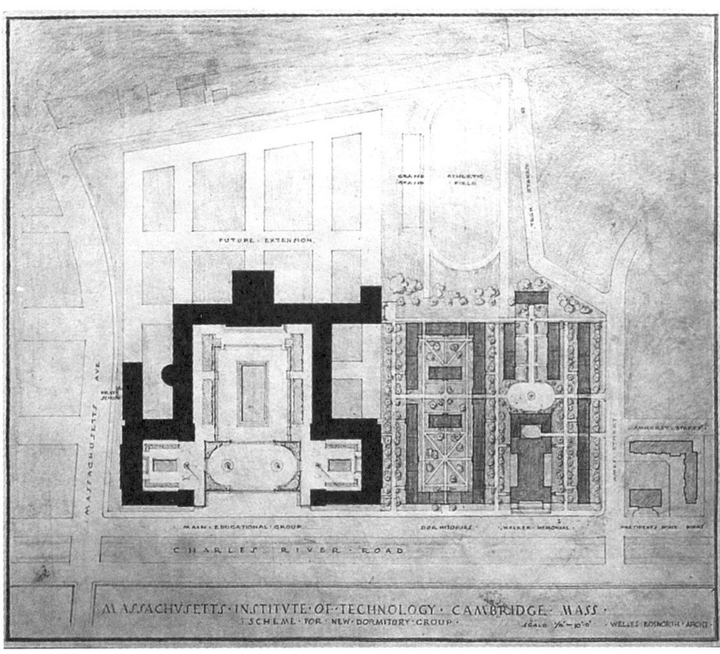

图 4-19　泛美博览会平面（左）与 MIT 主楼平面（右）

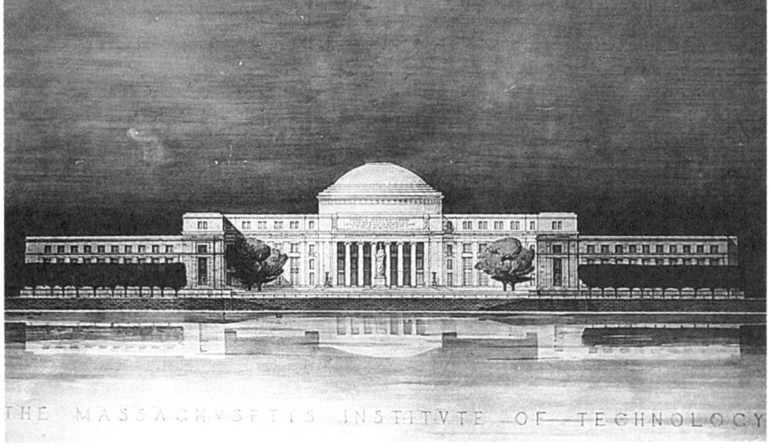

图 4-20　电话电报公司总部大楼旧照（左）与 MIT 主楼沿河立面手绘图（右）

以及 1916 年建成的美国电话电报公司总部（AT&T 大楼）的三段式古典立面（图 4-20），这些古典主义建筑风格都在 MIT 新校区的设计方案中有所体现。

2．剑桥校区最终方案

在获得了 MIT 的设计委托后，博斯沃思于 1913 年夏提出第一版设计方案（图 4-21）。他将场地一分为二，西侧为主要

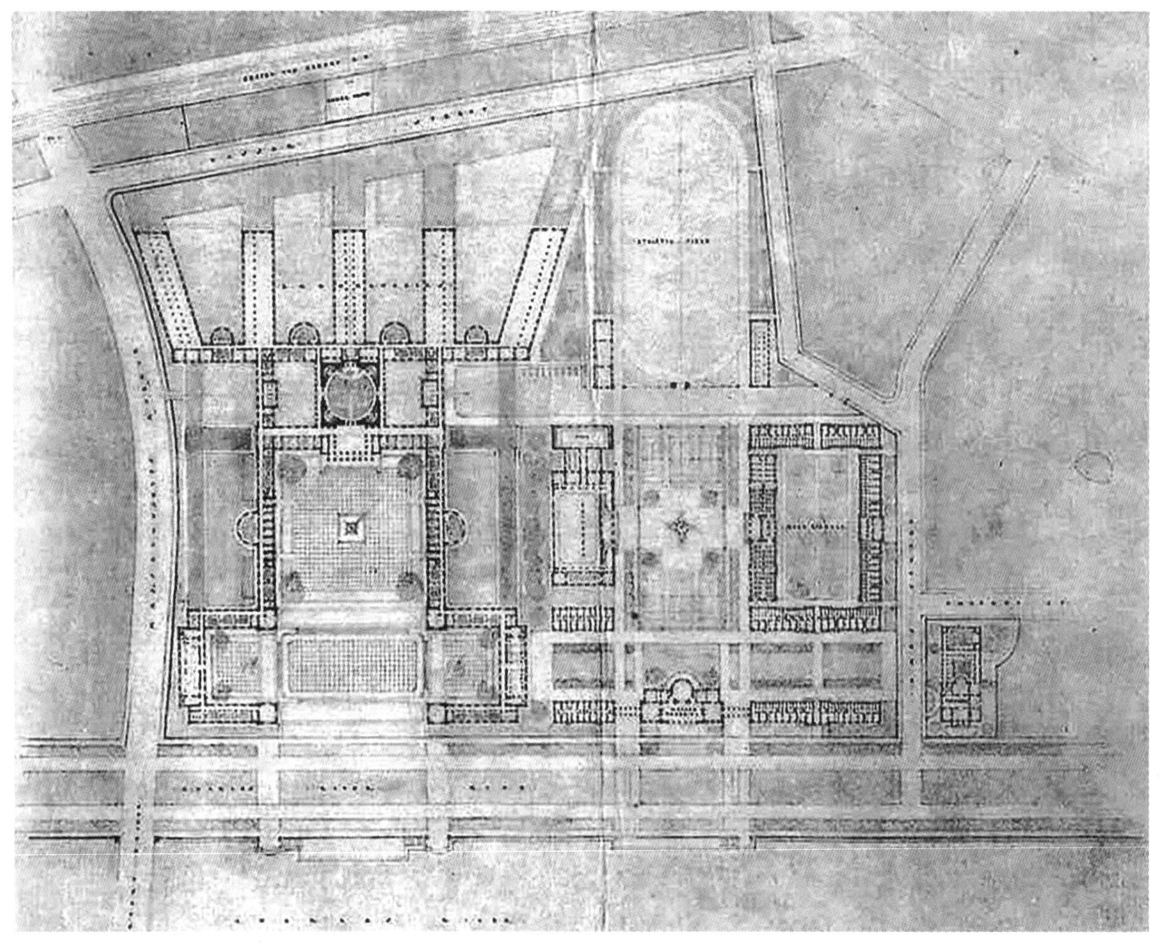

图 4-21　1913 年夏博斯沃思设计的第一版本

教学区，布置学术建筑，东侧为运动生活区，布置体育馆、球场和宿舍。学术区围合的庭院朝南面向查尔斯河与河对岸的波士顿，而宿舍部分的开放空间则向北延伸到剑桥市区。

在校方提出修改意见后，麦克劳林于 11 月份向公众公开了博斯沃思的第二版规划设计方案（图 4-22）。面向河流和波士顿城市天际线的大庭院，强调了学院对城市环境的开放性，高度逐级上升的建筑将视线汇聚在罗马式的圆形穹顶和中心巨大的柱廊上[40]。同时，柱式比例、檐口装饰等细节均表现出了庄重的古典主义风格。这无疑实现了麦克劳林对新校园建筑形象的期望，即能够表现出麻省理工学院所代表的教育“与任何可以通过形式表达的理想一样崇高”[25, 26]，以此表达科学技术教育的重要性。

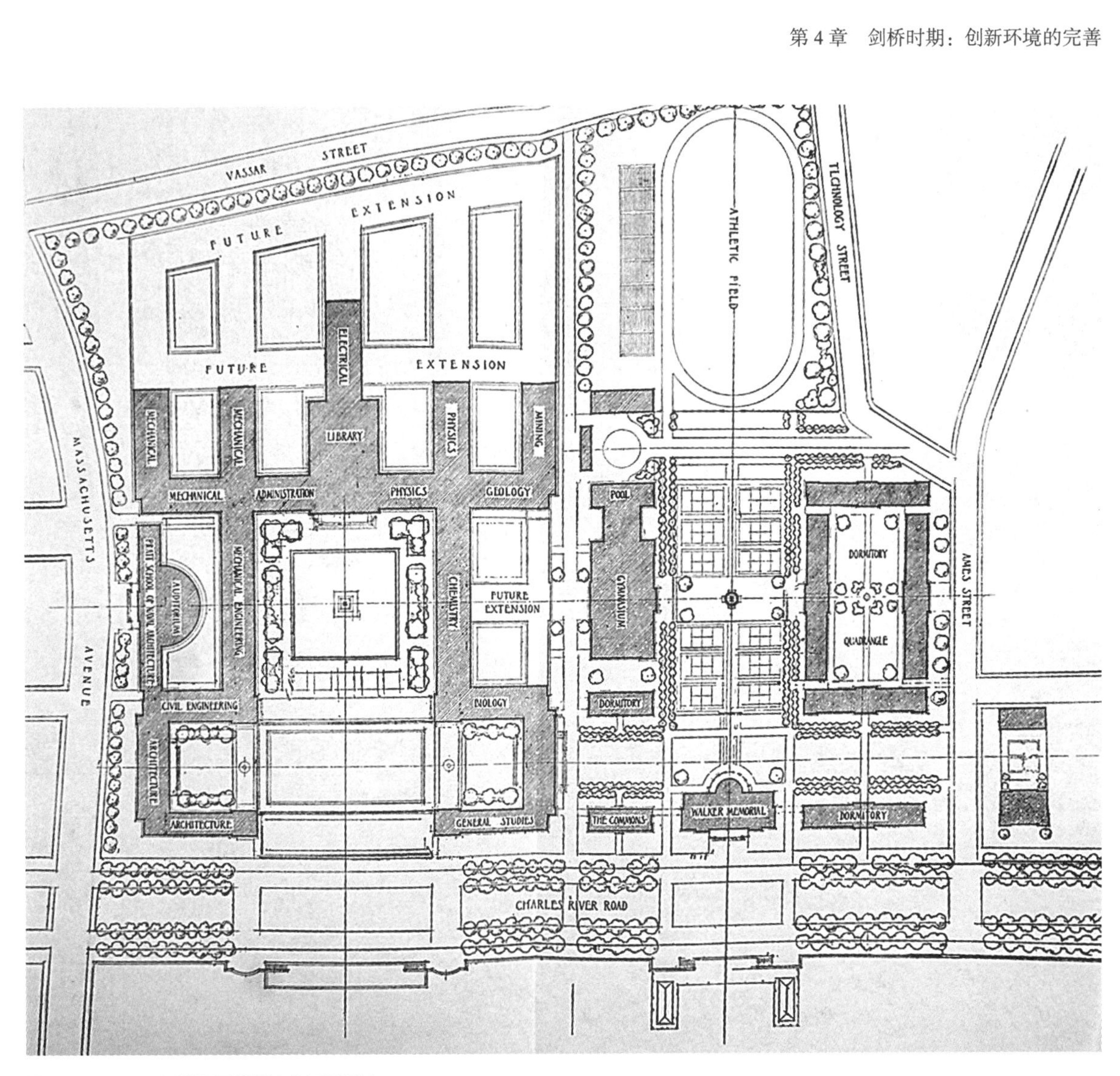

图 4-22　1913 年秋修订后首次公开的版本

主楼为近似倒 U 形（倒 T 形）的总平面布局。在美国院校中，这一设计形式最早可追溯到位于纽约的联合学院（Union College，1813 年设计），以及 1819 年由托马斯·杰斐逊（Thomas Jefferson）[①] 创办的弗尼吉亚大学（University of Virginia）。考虑到校园土地紧张，博斯沃思最后一版设计方案

① 托马斯·杰斐逊提出"实用技术院校"（a practical technical school）和"学术村"（academical village）的概念，不仅规划设计了弗尼吉亚大学，还为其设置课程，选择教师，甚至筹集资金。为了促进学术交流，杰斐逊的设计将来自不同专业的教师聚集在中央草坪周围。他们共享的草坪的尽头是图书馆（也被称为圆形大厅）。在草坪的脚下，可以看到群山的全景，寓意着有待发现的知识前沿。

中去除了主楼北部原先设想的支翼，同时将体育设施用地（包括室内场馆和网球场）改为宿舍区，并将沃克纪念大楼的长轴方向调整为南北向（图 4–23 ~ 图 4–26）。

不过，由于学院的建设费用远远超出预期，而且在建造的第一年爆发了第一次世界大战，所以最终博斯沃思规划的宿舍楼只完成了一小部分（图 4–24）。校园主要建成的建筑包括主楼（the Main Building）、沃克大楼（the Walker Memorial Hall）、宿舍（the Senior House）、校长楼（the President’s House）。

博斯沃思的前期方案与最终建成的连续完整、满足各部门多样空间需求的单一建筑综合体，在空间形态与布局方面都有较大差异，从中可看出博斯沃思对弗里曼“7 号”研究报告所

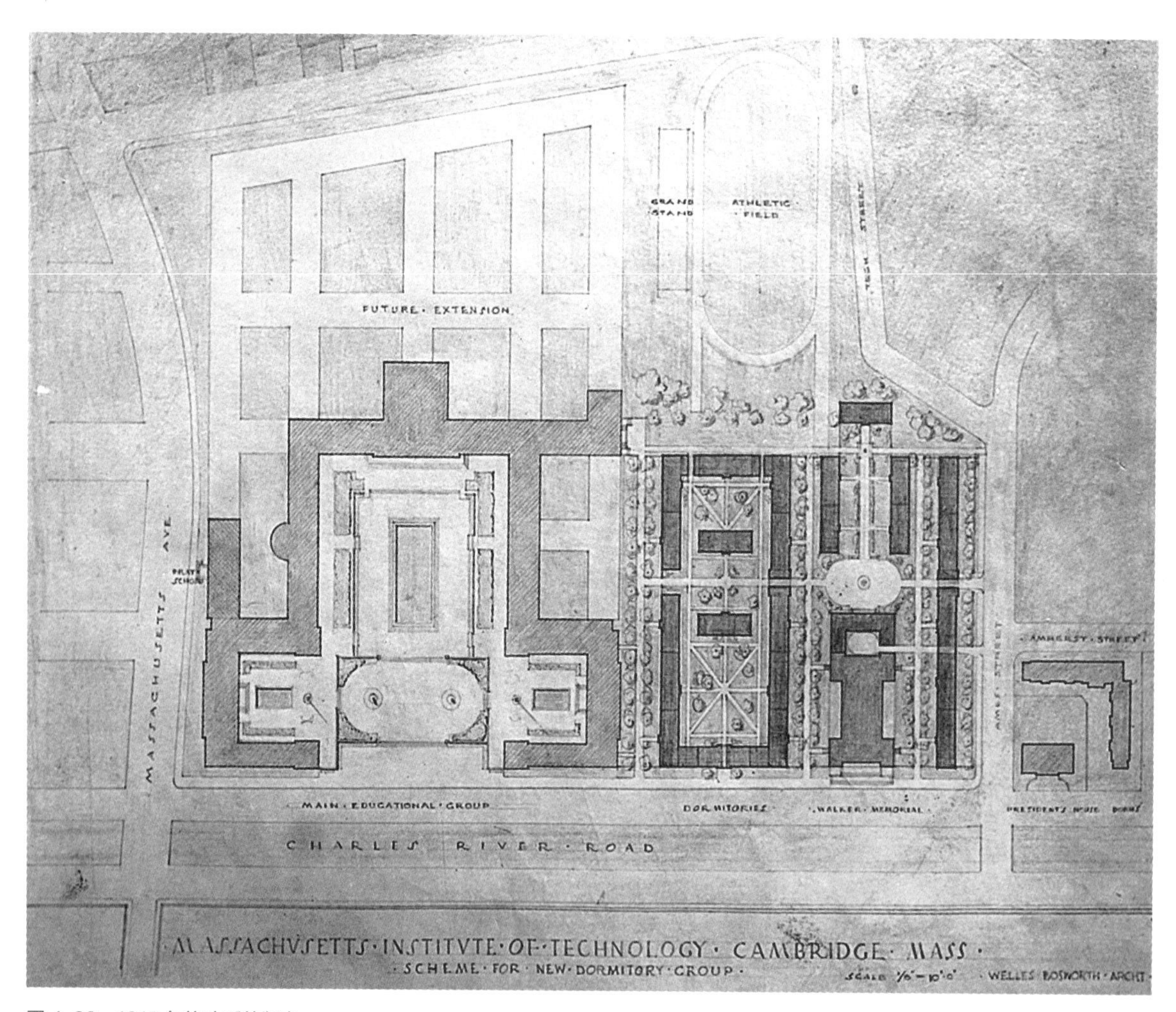

图 4–23　1915 年修改后的版本

图 4-24　1917 年 MIT 校园鸟瞰

图 4-25　联合学院鸟瞰图

图 4-26　弗尼吉亚大学实景俯拍

提出的集中高效规划布局原则的吸收与借鉴。博斯沃思的第一版方案是典型的单侧柱廊式布局，考虑到通风与采光问题，单侧柱廊在 19 世纪是标准的做法。然而到了 20 世纪初，随着通风系统和电灯的出现，双侧布置功能空间的内走廊开始出现，并在学校和政府大楼中得到了更多的应用[17]。博斯沃思之前在一所单层学校的设计中也使用过内走廊，但由于麻省理工学院主楼是四层，除顶层外没有通往屋顶天窗和外部通风的通道，使得博斯沃思又转而采用单侧廊道布置方式。而弗里曼提出的方案却通过提高层高、柱子间设置整片玻璃幕墙和整体考虑设备管线以解决内廊式布局的采光通风问题。

弗里曼“7 号”研究报告中的设计方案与高效率大学的观

图 4-27　建设中的主楼

图 4-28　交响乐大厅的宴会

点深深影响了博斯沃思，最终建成方案的外部表现出古典主义的设计美学，而其内部宽阔的走廊、高高的吊顶、混凝土框架结构和轻质隔墙、对模数尺寸的运用、宽敞的楼梯采光井，以及对设备管线位置巧妙的安排等，无不体现出弗里曼高效率大学的设计理念。

在结构工程师查尔斯·斯通（Charles A. Stone）的协助下，主楼各部分的建造历时两年，于 1916 年率先落成完工（图 4–27）。随着主楼的竣工，1916 年 6 月 12 日至 14 日，MIT 举行了为期三天的盛大庆典活动。“迎接五百多名纽约校友的是 21 响礼炮……他们跟随乐队一路行进到科普利广场（Copley Square，位于波士顿后湾），和来自世界各地的校友汇合。[71]”随后，一系列的庆祝活动还包括旧罗杰斯大楼交响乐大厅的电话宴会（使用当时先进的电话技术拨通了 35 个城市，让未能到场的校友发来祝贺）（图 4–28）、跨越查尔斯河从波依斯顿街（Boylston Street）到新大楼（即主楼）的师生游行，以及主楼前的集会演讲等。

4.2　搬迁剑桥至迎来建校第一个百年（1916～1960 年）

随着剑桥新校区的初步建设完成，1916 年，麻省理工学院正式从波士顿搬到了剑桥，但建筑系仍留在波士顿的罗杰斯大楼①。此后至1960年MIT建校第一个百年前，随着学科的持续扩展，教育理念的不断完善，校园建设基本遵循着博斯沃思的总体规划缓慢发展。

4.2.1　教育理念与学科发展

从 1916 年到 1960 年，MIT 逐步丰富和扩展其践行的教育理念，进行学科部门的新增、合并，并不断调整相应的教学安排与研究工作，以适应当时社会和行业的迅速发展。这一时期的教学理念与政策主要包括：

（1）从工业教育时代强调科学的实践应用到逐步加强纯科学的研究，将科学的应用研究与基础科学研究工作同步进行，如开设高等数学、物理、化学基础研究课程[41]。同时为促进学院在技术教育领域的领导地位，逐步开始重视研究生的培养。

（2）不断调整课程安排，简化本科课程，将更基本的科目带到本科阶段，如英语、历史，在本科教育中区分基础课程和专业课程的教学，将具有高度专业性的学习工作安排在研究生阶段，同时设置更灵活的研究生学习课程，以尽可能使学院的教学、研究与新的发展及相关领域的最新实践保持密切联系[42，43]。

（3）适时调整重点发展学科，如学院在 1940 年代中后期加大了对于应用数学、电子、高科技仪器、有机化学、建筑学等领域的研究投入，并强调了这些学科未来的机遇和重要性[43]。

（4）MIT 意识到各学科边界逐渐模糊，专业研究之间表现出相互的依赖性，因此决定设置跨专业的实验室和研究项

① 建筑系留守原因是，美国曾于 1903 年立法，通过严格规定土地的使用或处置来限制土地的赠与，州议会据此处理罗杰斯大楼和沃克大楼的产权问题，以及限制 MIT 搬迁的开销上限，使得 MIT 必须保留一部分院系继续使用罗杰斯大楼。最终，建筑系被留在波士顿，因为它自身的体系相对完善，不会影响其他学科的课程需求[24]。直到 1937 年，建筑系也来到了剑桥，MIT 在波士顿的校区正式退出历史舞台。

目，建立多个跨学科的研究中心和部门间组织，为综合性和更加深入的专业研究提供条件，开展多领域的合作研究及教学，以促进学科之间的交流与合作 [43-45]。如 1958 年建立了通信科学研究中心，由多个学科（数学、电气、物理、语言、心理学）合作，研究人工系统和自然系统中的信息处理和传输问题。

（5）为不同专业领域的师生提供社会交往空间，如宿舍活动空间、餐厅、俱乐部等，将具有相互联系的学科的人才聚集在一起 [46]。

（6）关注学生体育锻炼、休闲娱乐活动，并提供相应的空间，如新建各类球场等体育设施，新建礼堂等集会活动空间，并努力改善学生住房设施，提升学生福利。

（7）重视公众教育，向周边公众、周围的高中和预备学校提供各类讲座。

此外，在这一阶段，MIT 发现自己在国民健康、工业、企业规划、国防方面可以作出更大的贡献，于是决定扩大对这类公共服务的投入，寻求机会积极和企业、国家进行合作，如在全美各州与当地企业合作，建立小型实验室和工作室作为实地考察站；与政府合作，发展航空工程、地质学、气象学等领域的研究，力图将 MIT 建设成为对社区和国家更有利的教育机构 [47]。同时，特殊的战争时期的研究需要也带来大量国家资金的投入，加上校园内浓厚的科研氛围、便于合作交流的研究环境，这期间 MIT 产出了大量开创性研究成果，譬如雷达、原子钟、晶体管计算机、心电图机，等等，奠定了 MIT 在科研创新能力上的重要地位。

4.2.2 校园整体建设情况

1917 ~ 1918 年间，一些用于战时研究的临时建筑在校园内新建起来，如海军建筑学院、无线电工程师学院等。

到了 20 世纪 20 年代至 30 年代期间，随着注册学生人数整体增加（从 1920 年的 1860 人增加到 1939 年的 3093 人），需要更多的宿舍，同时学院未来发展也需要获得更多的土地。

麻省理工学院于 1924 年买下了马萨诸塞大道以西的土地，并逐渐购得区域内已有的建筑。之后一些公寓楼被改造成学生宿舍，新建了体育设施，校园发展中心开始向马萨诸塞大道以西移动。这与最初博斯沃思将学生宿舍与服务设施布置在东校区的规划有所不同[48]。

此外，在 1930 年代，MIT 曾多次将已有建筑空间进行功能的重新分配或改造，以应对不断变化的教育与研究需求，如整合实验室以同时服务于物理系和化学系，合并有机化学实验室，将热处理实验室从机械工程转移到采矿和冶金部门，将多个学科部门图书室合并为几个更大的可以服务于多个学科的公共图书馆，合理化藏书空间以提供更多阅读自习区域，等等，使校园空间的利用更为便利和高效[48–50]。1938 年，MIT 在马萨诸塞大道与主圆顶一致的轴线上建造了另一个入口（7 号楼，图 4–29），由于其位于主要的道路边侧，且邻近城市主要公交站点与西侧学生生活区，建成后成为公众和学生进入学校的最主要的入口。从新校区建立到 30 年代末的这段时期，由于主要的校园建筑仍然延续着古典主义秩序，因此被称为 MIT 的“古典时代”（Classical Age）。[48]

1939 ~ 1945 年的战时背景下，美国一百多所大学和许多

图 4–29　7 号楼沿马萨诸塞大道主入口立面

工业组织都开展了历史上最大规模的科学研究动员，MIT 也在其中。MIT 认为，尽管对于国防的投入在一定程度上阻碍正常教学的进行，但这样的机遇同样也促进了学科的交流和基础科学研究的进步[51]。当时，学校的大多数部门都在进行国防问题的研究工作，如航空工程、鱼雷、气象学等，部分学校设施也交付给了国防部门使用。由于战时研究项目的增加，MIT 通过新建和租借的方式来扩充研究活动所需的空间，期间共新建建筑面积 4.2 万 m^2，其中 2.5 万 m^2 是临时建筑。

1946 年回到和平时期后，MIT 再次将工作的重心放到“如何提供高质量的教育”上来，并开始发展跨学科的研究中心，开展多领域的合作研究及教学。同时，学院也逐步重视人文科学和社会科学的教育[43，52]。战后学生人数再次激增，尤其是 1946 ~ 1947 年间，为了快速获得可用的空间，在新建建筑的同时，麻省理工学院开始大量收购并改造其周边的已有建筑。1948 ~ 1949 年，MIT 收购了罗杰斯大楼对面的建筑，至此，MIT 拥有了马萨诸塞大道两边的所有建筑（除 2 栋建筑外），MIT 称之为“ Tech Block”[44]。之后还陆续收购了沿着奥尔巴尼街（Albany Street）的一系列建筑。到 20 世纪 50 年代，西校区逐渐建设成为学生生活娱乐的中心，除宿舍楼外，还包括小教堂、大礼堂、学生中心、室内外体育场馆设施等。

整体来看，该时期的校园建设前期基本遵循博斯沃思的校园规划，但由于建设资金来源仍以捐赠为主，建设量相对较少。到了第二次世界大战时期及战后，国家的资助使得建设量得以快速扩大，伴随着学科扩展与师生人数的增加，校园开始向东侧、北侧扩展用地（表 4–1）。具体来说，学术建筑净面积从 1917 年的 79 万 ft^2（约合 7.3 万 m^2）增长到 1960 年的 229 万 ft^2（约合 21.3 万 m^2），而宿舍建筑净面积则增加了将近 9 倍，从 7 万 ft^2（约 0.65 万 m^2）到 76 万 ft^2（约合 7.1 万 m^2）。同时，校园建筑的功能与设计风格都逐渐丰富多元（图 4–30、图 4–31），校园空间、校园生活及文化得到逐步完善和发展。

1916～1960 年麻省理工学院校园主要的新增建筑　　表 4-1

时间	校园平面图（新建 ，已有 ）	新增建筑
1916 年	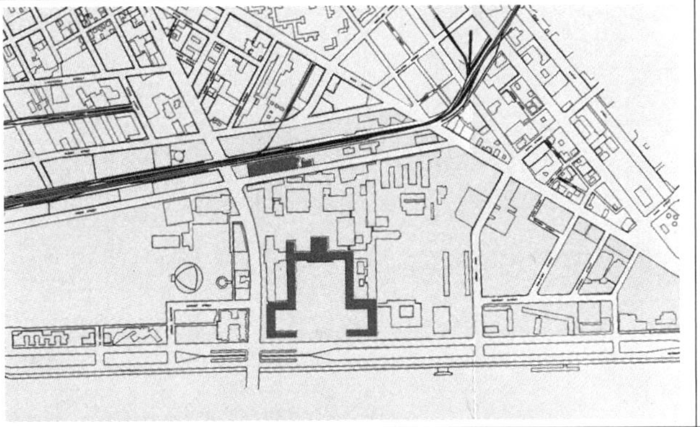	主楼（the Main Building，1916）
1917～1938 年	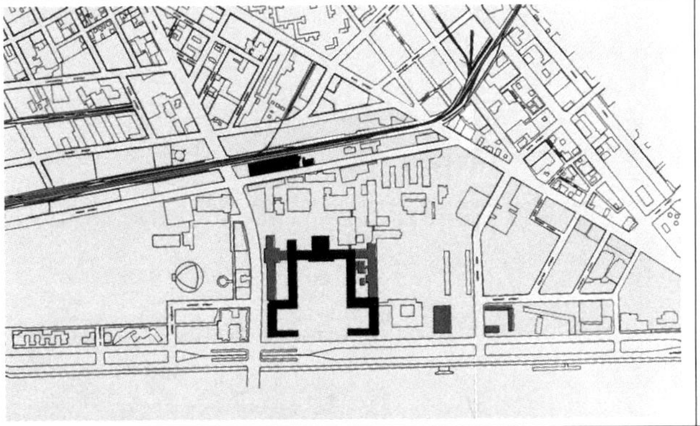	沃克大楼（the Walker Memorial Hall，1917）、宿舍（the Senior House，1917）、校长楼（the President's House，1917）、东校区宿舍（East Campus Houses，1924）、罗杰斯大楼（Rogers Building，1938）等
1939～1945 年	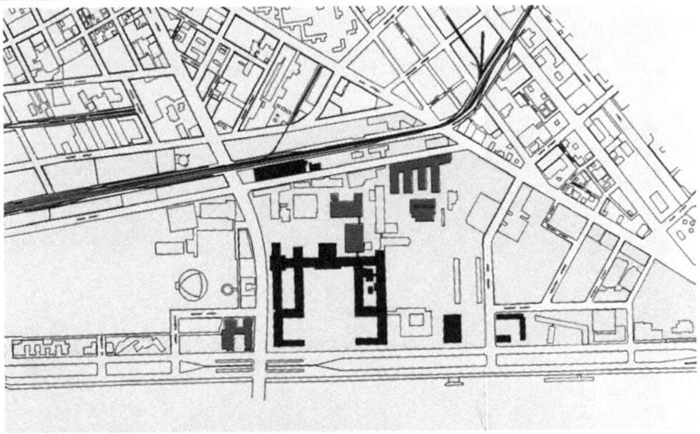	校友游泳馆（Alumni Pool，1940）、24 号楼（1941）、约 2.5 万 m^2 的临时性建筑（如 20 号楼）等
1946～1960 年	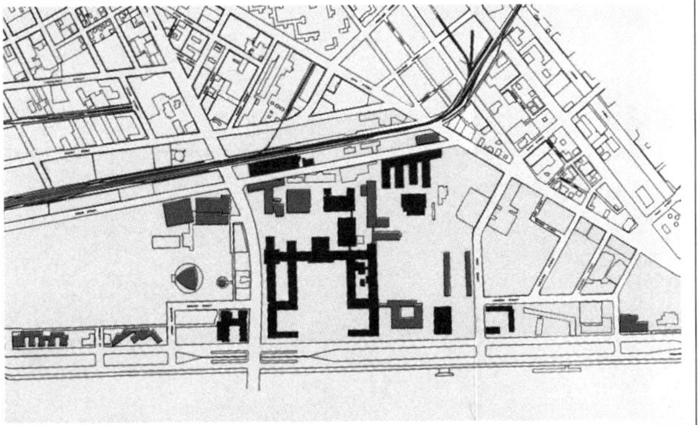	贝克公寓（Baker House，1949）、海登纪念图书馆（Hayden Memorial Library，1951）、索隆大楼（Building E52，1952）、多伦斯大楼（Dorrance Building，1952）、大礼堂与小教堂（1955）、运动中心（Du Pont Athletics Center，1959）等

图 4-30　校友游泳馆

图 4-31　贝克公寓

4.2.3　代表性建筑

1. 传奇的 20 号楼

在 MIT 学术历史上具有重要位置的“20 号”楼（图 4-32），被誉为 MIT“神奇的孵化器”“真正的创意坛”。该建筑始于 20 世纪中期，主要是作为雷达实验室［Rad Lab，国防研究委员会（NDRC）的一个部门，是战时雷达研究与开发的主要场所］而修建。1943 年 5 月，剑桥市批准该建筑物作为战时的临时设施，并可以持续使用到战争结束后的六个月。虽然雷达

图 4-32　20 号楼鸟瞰

实验室于 1945 年解散，但这座临时的三层木结构建筑却保留下来，缓解了麻省理工学院空间不足的问题。直到 1998 年拆除后，在原址修建了 Stata 中心。

在战后长达半个多世纪的使用过程中，这里是数十个研究实验室、学术部门、学生俱乐部、机器工厂、商店和行政办公室的所在地（图 4–33）。其中包括传奇的技术铁路模型俱乐部（Tech Model Railroad Club），这里更是校园黑客文化的发源地。雷达实验室的研究在战时起到了重要作用，其中有四位物理学家日后获得了诺贝尔奖。实验室解散之后，MIT 和国防部门都意识到电子学与微波物理学的科技价值，成立了电子研究实验室（Research Laboratory of Electronics，RLE）。RLE 是一个重要的跨学科实验室，最初由微波电子学、微波物理学、现代电子技术、微波通信和电子辅助计算组成，主要占据了 20 号楼 A 翼空间。另一个跨学科研究组织，核科学实验室（Laboratory for Nuclear Science，LNS）也在 20 号楼成立，包括宇宙射线组、回旋加速器组、理论组和机械车间，主要占据了 20 号楼的 B 翼空间。这里也是著名的语言学计划发展的场所。莫里斯·哈勒（Morris Halle）和诺姆·乔姆斯基（Noam Chomsky）在这座建筑中办公了三十多年，进行了开创性的语

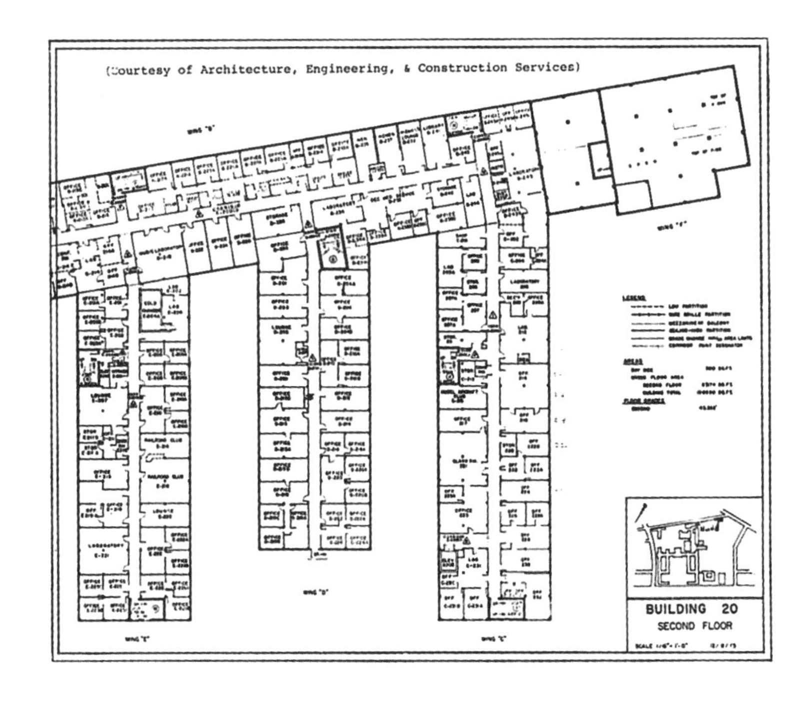

图 4–33　20 号楼二层平面局部

言学研究，合创了著名的生成文法与音位学文本。

取得如此多开创性成果的建筑，其实是一座三层高的临时建筑，并且全部由木柱和木梁组成“全木框架”，建筑外墙采用灰色石棉瓦，非常朴素低调。用地位于校园的东北区域，在博斯沃思剑桥新校区规划中被设计为体育运动设施和保留的田野。20 号楼总建筑面积 1.8 万 m^2，于 1943 年 12 月竣工使用。三层高建筑建于混凝土板上，主要由六个矩形体块组成。其中，B 翼平行于瓦萨街，向东面延伸的部分是 F 翼，A、E、D 和 C 翼垂直于 B 翼的南侧（见图 4–32）。

五十多年来的使用过程中，20 号楼内部一直持续调整，根据研究项目需要，重新组织配置工作空间的大小，有时甚至突破外墙，扩展到 A、E、D、C 翼之间的院子里。而串联起六个矩形体块的长长的内廊，强调了各部分水平向的联系，提供了最具创新效率的工作氛围。在大厅里，或者其中任何一翼的走廊上遇到的人们，都可以轻松地分享知识、信息和想法，有效促进了各种学术背景的人们合作与交流（图 4–34）。

2. 海登纪念图书馆

1951 年，一座新的图书馆大楼建成（图 4–35），MIT 计划通过新的图书馆将 2 号楼和沃克纪念馆连接起来。海登纪念图书馆（Hayden Memorial Library）设计为围绕内部庭院的回字形体量，面向查尔斯河的南侧立面长七十多米，除了必要的结构支撑体，几乎全部由大面积的落地玻璃窗组成，为室内阅览区提供了充足的自然光线[48]。在功能上，除了传统的阅览空间外，还设置了休闲娱乐、信息交流、展览等多种功能（图 4–36）。

当时，MIT 的图书馆建设正处于转型期。已有图书馆空间已经不足，大量的技术文献（大部分是由战时研究产生的）必须被收藏起来，而且设施必须更新，以适应当时在保护、储存和摄影复制方面的新需求。麻省理工学院与建筑师沃克（Ralph T.Walker，1911 届校友）合作，开发了一个强调“最大灵活性”的图书馆计划——即要创建一个允许未来图书馆系统重组的建筑，并同时服务于人文学科和科学学科。正是这种具有预见性的需求定位，使海登纪念图书馆能够顺利地适应

图 4-34　20 号楼内部使用场景

图 4-35　海登纪念图书馆

图 4-36　海登纪念图书馆庭院、内部阅览区、讲座交流区（2021 年翻新后）

20 世纪下半叶快速的技术变革和后续的功能调整。

3．大礼堂、小教堂

1955～1956 年，埃罗·沙里宁（Eero Saarinen）为 MIT 在西校区设计的大礼堂（Kresge Auditorium）和小教堂（MIT Chapel）建成并投入使用（图 4-37）。同阿尔托设计的贝克公寓一样，两座建筑都被认为是脱离主校区古典主义建筑原则的设计尝试。为了和周围五六层的建筑形成更好的对比，大礼堂选择了不同寻常的体量形式。三角形球体面（高约 15m 的钢筋混凝土薄壳结构）从地面开始向上升起再回到地面[38]，三个支撑点落在红砖砌筑的圆形平台上，这在当时是极前沿的结构尝试，结构、空间与造型完美统一。大礼堂内部设有 1200 座的表演厅、200 座的剧院以及排练室和更衣室，为师生的聚会、上课、表演提供场所（图 4-38）。

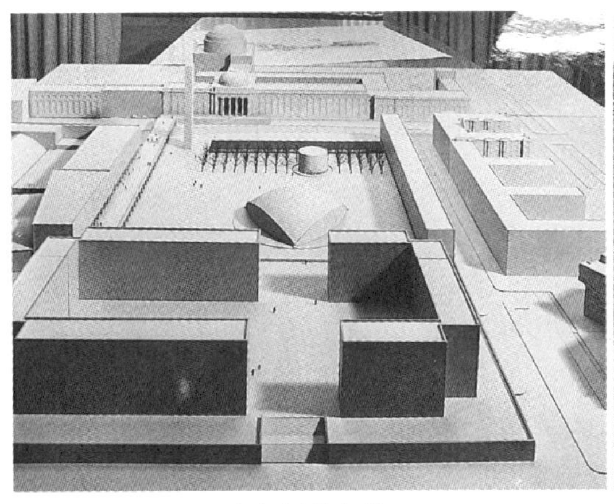

（a）方案模型照片

（b）实景

图 4-37　沙里宁设计的大礼堂和小教堂

图 4-38　小教堂内部（左）与大礼堂表演厅（右）

小教堂则是一座高约 9.1m 的砖砌圆柱形建筑，底部由一系列低矮的拱券承接，通过外部的一圈浅水池将自然光戏剧性地引入室内，反射到波浪形的内墙面上，精心设计的室内自然光环境、砖砌的墙面肌理共同营造出独特的环境氛围。

大礼堂与小教堂的建设表明麻省理工学院对师生的精神生活与校园社区人文的关注，这些建筑所承载的空间也是定义麻省理工学院社区凝聚力的重要部分。

4.3 MIT 建校第二个百年（1961～2000 年）

为了迎接学院发展建设的第二个百年，MIT 规划办公室于 1958 年在“第二世纪基金运动”（Second Century Fund Campaign）的推动下成立，麻省理工学院由此开始进入第二轮规划建设的高速发展期。

4.3.1 教育理念与学科发展

自 1960 年起，MIT 开始探索从技术学院过渡到以科学为中心的现代大学阶段。学院在教育方面开始重视科学与工程的紧密联系，重视打破严格划定的部门界限，重视教学与研究的紧密联系[53]。学院也越来越重视社会科学的发展，尤其关注与科学和工程领域相关的学科，希望在社会科学和物理科学之间建立更多的联系，并促进它们之间更富有成效的合作[54]。基于对人文学科的支持和鼓励，社会科学和管理学也取得了实质性的发展。这一时期学院的教育理念与学科发展主要表现为以下几方面。

1．重视实验室的建设和发展

1962 年 MIT 就意识到现代科学日益表现出的抽象性与数学特征，所以更加重视实验室的建设与发展，包括对已有实验室的及时更新[55]。1963 年工程学院的项目实验室得以发展[56]；1974 年建立了新的能源实验室，包括能源管理和经济学研究，核、环境和电力研究，化石燃料研究，替代能源技术等特殊研究项目[57]。

2．积极建设跨部门或跨学科研究中心

1963 年 MIT 成立太空空间研究中心，不仅涉及工程和物理科学，而且涉及生命和社会科学以及管理学院[56]；与此同时，MIT 建筑与规划学院开始改变课程设置，并追求新的研究教学模式。时任建筑与规划学院院长劳伦斯·安德森（Lawrence Anderson）也呼吁建筑规划学院应该将目光转向其他领域寻求合作。为此，跨学科的城市系统实验室在 1968 年由 MIT 城市与区域规划系建立[58]，后来发展成为著名的媒体实验室（1985）的建筑机器小组①（Architecture Machine Group，1967—1984）也在这一时期成立；1975 年随着与哈佛医学院的合作研究日益密切，麻省理工学院建立了一个合作研究中心[57]；1998 年秋天，学习和记忆中心（CLM）与日本的 RIKEN 脑科学研究所建立了一个主要的研究合作项目，即 RIKEN-MIT 神经科学中心；自 1998 年起，MIT 与新加坡国立大学（NUS）和南洋理工大学（NTU）合作，跨越国家和科研机构的界限，发展世界级的、以研究为基础的高度互动的研究生工程教育[59]。

3．重视社会学科与人文艺术学科的发展

1961 年在社会科学系内建立了新的“心理学部门”，林肯实验室也有更多的心理学家开始关注感知和观察以及人机交互的问题[54]；1987 年学院开始开发和建设“背景课程”（contexts course），这类课程由来自不同学术背景的两名或多名教师在跨学科的基础上教授，让学生认识到理工科与其他学科之间的主要共性，并使他们能熟练地把这些共性联系起来，促进社会科学与物理科学之间更有效地合作[60, 61]；MIT 也日益重视人文艺术学科的发展，1990 年建立了“1% 的艺术项目”，即将建筑和重大翻新项目成本的 1% 用于艺术设计；同年 MIT 还开设了“艺术与社会”课程，调查现代美国视觉艺术的生产和消费的社会背景，以及艺术中存在的一些社会问题[62]。

4．积极发展新学科、新领域

1961 年语言学得到发展，MIT 的语言学主要关注语言的结构和逻辑，主要的应用项目包括机器翻译、机器感知和人类语言合成方面的工作[53]；1963 年科学学院的生物系又发展了一个新的学科，与传统的生物学不同，新学科将从分子的角度开展研究，并且关注数学和物理方面[56]；1970 年 MIT 开展对卫生服务、环境质量、电力系统和公共交通等新领域的教学和

① 1967 年尼古拉斯尼格罗蓬特（Nicholas Negroponte）和莱昂（Leon Groisser）创立建筑机器小组，将建筑与人工智能、计算机科学和电气工程融为一体，通过开发设计应用程序和人工智能界面，将设计过程转变为一种对话，从而质疑传统设计过程，突破传统的建筑教育和工程教育的界限。

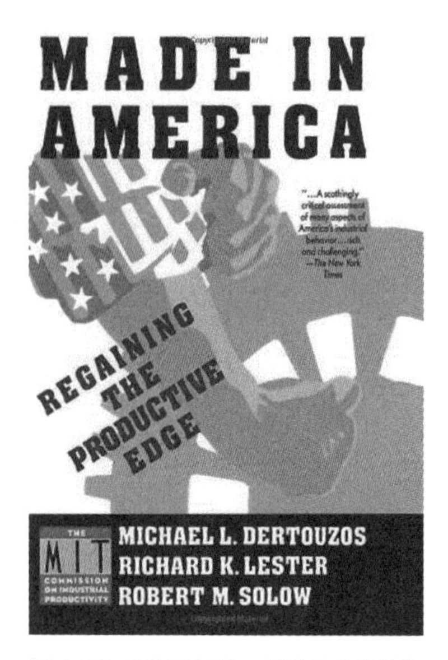

图 4-39 《美国制造：重获生产优势》封面

图 4-40 《MIT 的人工智能：扩展前沿》封面

研究[63]；1976 年学院开设了动物细胞科学、科学教育和环境化学等指定课程[64]。

5．适应学科发展动向的教学项目改革

1972 年各个学院对教学项目进行改革，以使课程能够反映最新的学科动向[65]；1978 年建筑系修订了它的研究生学位结构，以满足研究生水平的建筑及其相关领域研究项目的需求[66]；1987 年 MIT 对人文艺术和社会科学进行教学改革，围绕五个研究领域：文学和文本研究，语言、思想和价值观，艺术，文化和社会，历史研究进行教学改革，使其核心课程能更加聚焦和系统[60]。

6．以学生为中心的教育支持

面对日益增长的实际项目需求，MIT 重新审视了作为一个教育机构的本职工作，提出要以学生为中心，为学生提供优质的服务，在课堂、实验室、研究所作决策时要给学生充分的自由度，给学生提供更个性化的学习环境[58]。1974 年学生的课程安排有了更强的自由度，比如进行跨学科的学习等，选修课也可以选其他院系的课程，同时，学校为本科生提供更多的实际项目研究机会[57]。1987 年学院也开发了一些新项目，以改善 MIT 的学习和生活环境，特别强调要鼓励学生和教师之间更多的非正式的知识接触，在这所大学里，教师和学生是学术事业的合作伙伴[60]。

此外，这一时期 MIT 也依然关注黑人、女性等弱势群体的平等教育机会，始终坚持在政治立场上保持自由和宽容，警惕大学的政治化，倡导建设多元化的教育社区；计算机也开始融入教育过程，教学方式与管理方式都有所改变。在 MIT 不断推动科学研究与创新的环境下，这一时期取得了不少对人类发展意义重大的成就，包括 1969 年阿波罗 11 号飞船成功登月；1974 年生物学院成功合成一个基因，对细胞癌变原理有突破性认识；1978 年完成美国独一无二的新燃烧研究装置建设等；并出版了《美国制造：重获生产优势》（*Made in America: Regaining the Productive Edge*）（图 4–39）与《MIT 的人工智能：扩展前沿》（*Artificial intelligence at MIT: expanding frontiers*）（图 4–40）等重要著作。

4.3.2　校园整体建设情况

1960 年春天，为顺利推动 MIT 进入第二个百年的校园建设，学院自 1958 年开始筹备的“第二世纪基金运动”正式启动，目标最低金额为 6600 万美元。经过三年的筹集，到 1963 年 5 月宣布结束的时候已筹集超过 9500 万美元，这是学院此前历史上筹集资金数目最多的项目，对于学院的长远发展来讲，其意义堪比 1916 年学院从波士顿搬迁至剑桥。成功筹集的基金，为校园设施的更新完善奠定了基础，推动麻省理工学院从一个地方性机构向一个国家级机构转变（表 4–2）。据统计，在这一时期，校园总建筑面积从 1960 年 34 万 m^2，增长到 2000 年的 91 万 m^2，其中科研建筑面积从 21 万 m^2 增加到 51 万 m^2，是原来的 2.4 倍，宿舍建筑面积增长了约 1.8 倍，从 7 万 m^2 增加到 20 万 $m^2$①。这一时期校园建设很重要的一个方面是建设发展实验室，尤其是跨部门实验室与研究中心，第二世纪基金的计划就包含很多这样的跨学科研究中心[54]。

1.《员工环境委员会报告》

第二次世界大战结束后，麻省理工学院的办学规模激增，据 1946 ~ 1947 年的校长报告记载，学生注册人数约 5600 人，超过战前平均水平的 80%，学院的开支也超过 1700 万美元，约为战前最高预算的五倍，工作人员也于 1947 年超过 3400 人，而 1940 年仅有 1300 人[52]。为了不出现超负荷的情况，必须开始重新审视和思考麻省理工学院的教育政策和程序。1947 年 1 月，教育调查委员会（Committee on Educational Survey）应运而生，沃伦·刘易斯（Warren K. Lewis）任委员会主席，因此也称刘易斯委员会（Lewis Committee）。在对校园的发展现状详细调研以及对校园使命解读的基础上完成的《教育调查委员会报告》是 1916 ~ 1960 年期间麻省理工学院最重要的研究报告之一，包括教育调查委员会报告、通识教育委员会报告以

① 根据《GROSS FLOOR AREA OF MIT ACADEMIC PROPERTY: growth and distribution by type》数据进行统计。

1961～2000 年麻省理工学院校园主要的新增建筑　　表 4-2

时间	校园平面图（新建 ■，已有 ■）	新增建筑
1961～1970 年	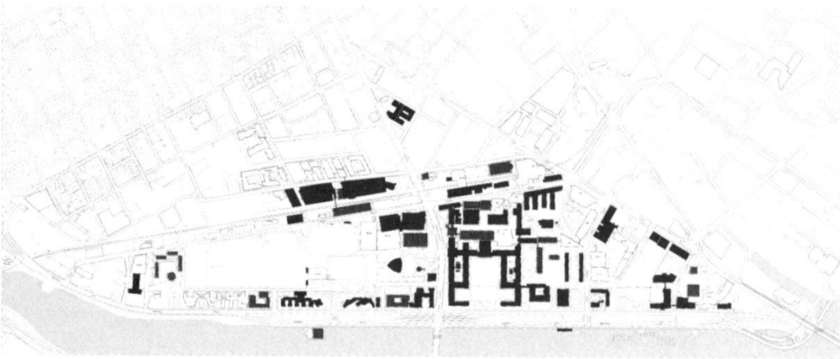	NW15（1962），W4、W85 号楼（1963），54、W45 号楼（1964），13、56、W20、E53、N10 号楼（1965），N4 号楼（1966），E55、W8、9 号楼（1967），39 号楼（1968），37、18 号楼（1969），W61 号楼（1970）
1971～1980 年	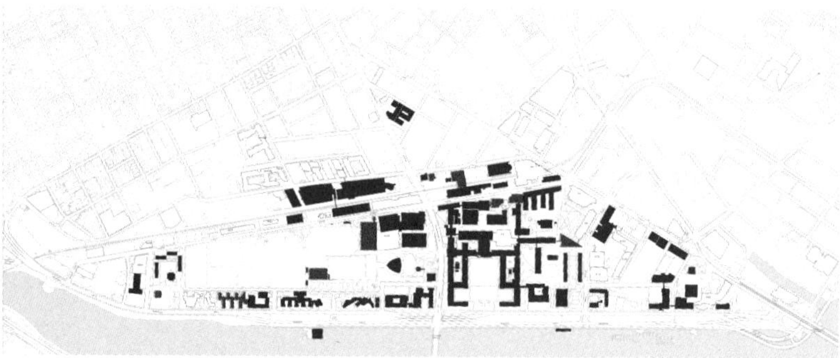	W53 号楼（1971），N16 号楼（1972），W84、36、38 号楼（1973），W70、66 号楼（1976），N9 号楼（1978），W34 号楼（1980）
1981～1990 年	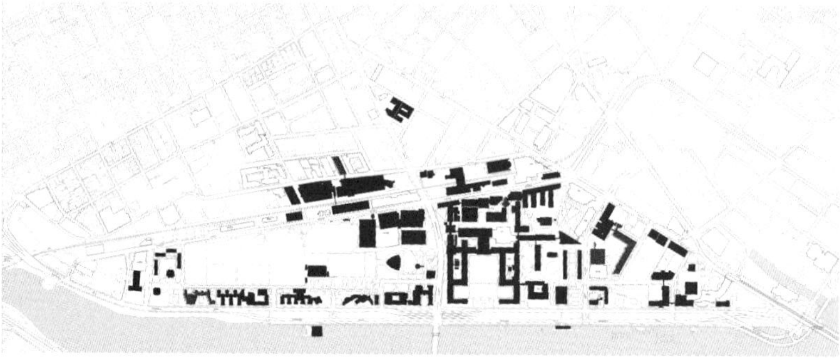	W71、NW16 号楼（1981），E23、E25 号楼（1982），34、OC1A 号楼（1983），E15 号楼（1984），W53A 号楼（1985），7A 号楼（1990）
1991～2000 年	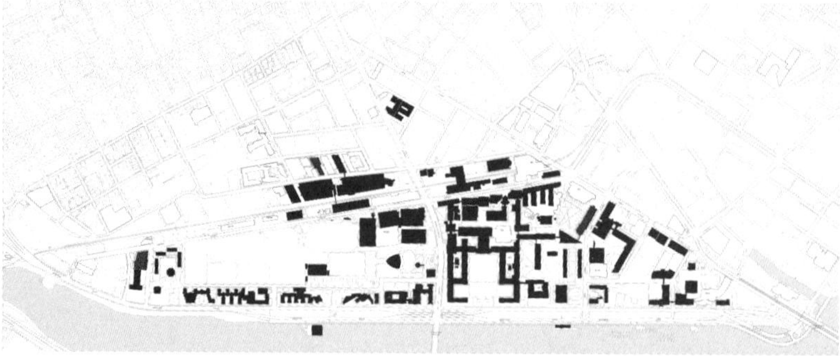	NW22 号楼（1992），68 号楼（1994），W92 号楼（1999）

及员工环境委员会报告，该成果成为后来 MIT 校园规划发展的重要指导文件。

刘易斯委员会在新时代的语境下审查了学院的教育使命和哲学，明确提出："学院的使命应该是鼓励主动性，提倡自由和客观的探究精神，承认和提供机会给有特殊兴趣和天赋的人。[37]" 简而言之，就是把学生培养成对社会有创造性贡献的人。为了审议学院如何最有效地实现这些目标，委员会任命了"员工环境委员会"特别研究小组，《员工环境委员会报告》正是这个小组的研究成果，主要研究如何为教职员工提供更有效的教学和更有创造性的研究环境，实现麻省理工学院高效与创新的教育理念。

委员会在对现状的调研中发现，师生普遍反映离校住宿使得校园缺乏文化氛围，学校被学生和老师批评为是一个有着工厂气氛的寒冷的地方，朝九晚五的工作时间安排和大量的通勤时间更加剧了这种状况。委员会认识到，生活在同一社区的学者们的思想交融有着非常实际的价值。特别是对于本科生来说，在真正具有创造性的氛围中生活，才能最好地培养探究的科学精神和对生活的自由态度 [37]。因此，委员会建议应建设一个可以提供创造性氛围的校园环境，这种环境在一定程度上既取决于学院物理环境的实际变化，也取决于学院管理和知识环境的改变。无论是在课堂上还是在社交场合，师生之间都存在着更加亲密友好的关系。对于研究人员，委员会建议将几个领域的学者分组到创造性研究中心，研究大家共同感兴趣的问题。员工之间也要有更密切的联系，以便更好地了解同事的研究兴趣和贡献。

对于学院知识环境的建议，报告提出要确保我们所覆盖的每一个领域都有蓬勃发展的科学探究精神，要想一些办法使教员之间获得更完整的思想和信息交流。如增加场所以促进交流与跨部门合作，并提到急需一幢位置合适的教职工俱乐部大楼，可以提供社交和娱乐活动，提供亲切友好的教工交流环境。在校园里举行午餐会也是让员工们非正式聚在一起的一种很有价值的方式。委员会认为，住在校园附近的教师可以为创造一个更有吸引力的校园氛围做很多事情，如举办聚会、晚间讲座、辩论和其他活动，使师生之间的关系更加紧密。另外，定期举行的教师委员会作为拓宽部门间彼此了解与合作的方式，其潜力还没有得到充分的认识和发挥。报告还指出，学生和教职员工之间更多的交流也会改善学校的知识环境。每个部门可以鼓励在适当的房间举行非正式会议，学生和教职员工可以在那里享用茶点并交谈，不拘于课堂的形式。为此，委员会建议，每个部门的研讨室都应该配备一个厨房，用于学生茶会、研习讨论和餐后会议等。

2．成立校园规划办公室

1958年，MIT校园规划办公室成立。马尔科姆·里夫金（Malcolm D. Rivkin）是规划办公室的第一任负责人，任期两年，于1960年8月完成《麻省理工学院规划——给远景规划委员会的报告》（*Planning for MIT-a report to the long range planning committee*）（以下简称《远景规划》）。

罗伯特·西姆哈（O. Robert Simha）1960年起接任规划办公室主任的职务，开始了长达40年的校园规划管理工作。他在《麻省理工学院校园规划1960—2000》（*MIT Campus Planning 1960—2000*）一书中详细记录了这一时期校园规划建设的情况。西姆哈在书中提到，他在接任规划部门官员之前，深入学习了MIT发展史，包括1864年罗杰斯的《MIT工业科学学院的范围和计划》、普雷斯科特的《当麻省理工还是波士顿理工的时候（1861—1916）》（*When MIT Was Boston Tech (1861—1916)*）、约翰·弗里曼1912年针对剑桥新校园的研究规划——“7号”研究报告、威廉·博斯沃思的新校区规划方案，以及1949年刘易斯委员会的报告等，这些都是指导规划部门工作的重要基础。西姆哈指出，规划办公室的目标是管理未来资源的同时保持麻省理工学院的独特品质，即将麻省理工学院定义为一个人们可以随时获得一系列想法并有力阐述自己观点的地方。而物理联系（physical connectivity）是这一品质在校园空间得以孕育的重要手段。物理联系以无数种方式培养了师生的知识和社交生活，为不同知识的碰撞提供了可能，是跨学科合作创新的引擎[29]。这一理念继承自麻省理工学院早期建设的规划思想（约翰·弗里曼的报告、博斯沃思的设计皆有体现），在这一时期的规划建设项目中得到了进一步的发展与完善，成为助力麻省理工学院跃居世界一流创新高校的重要因素。

4.3.3　重要的校园规划项目

1．1960 年的《远景规划》

1960 年的《远景规划》作为马尔科姆·里夫金两年规划办公室负责人任期的工作报告，总结了 1958 ~ 1960 年与麻省理工学院校园环境发展相关的政策建议与决定，同时明确了未来校园建设亟待解决的关键问题（图 4–41）。

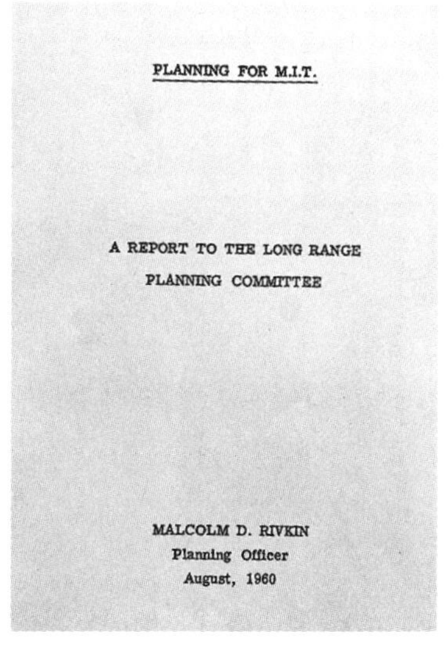

图 4–41 《远景规划》报告封面

报告在概述中介绍了当时学校的基本情况：麻省理工学院是一所拥有一万多人口的综合性机构，拥有 100 年的悠久历史，建筑面积约 33 万 m^2，2150 个停车位，占地 114.1 英亩（约合 46.2 万 m^2）。然而，城市在发展，大学的需求也在不断变化，麻省理工学院必须制订新的发展计划来应对这些变化。《远景规划》的任务就是要为学校的发展建设建立一个有力的指导方针，同时需要足够灵活以应对社会的发展变化，因此，远景规划委员会制定了一套“政策框架”（policy framework），以指导校园在土地利用、建设密度、开放空间、设施等方面的工作。报告主要包含总体准则、未来人口、增长规模、规划理念、收购计划、待解决的问题和外部的城市环境七个部分 [38]。

虽然促进跨学科合作创新的理念未被作为专门章节提出，但与之相关的内容也渗透在报告的各部分中。如“总体准则”一章中的第五点提到，麻省理工学院将继续发展有趣、令人兴奋、设计精良的校园，人们在校园中必须能够轻松地穿越多样复杂的工作空间，总体规划应确保校园教学与科研活动被有效合理地组织，实现校园所需要的统一性与多样性的融合。在“增长规模”一章中，也明确了研究生工作与跨学科研究中心的巨大的增长趋势，提出了新建研究生中心的需求；报告认为这个中心可以为他们提供非正式会面的场所，从而培养学者群体与一个轻松的学术氛围。在“规划理念”一章中指出，像麻省理工学院这样庞大的技术机构，需要集中化和专门化，因此，比起大多数的大学校园，要求有更高的建设密度。而作为提高密度的手段，塔楼的形式虽然也被建议，但考虑到跨学科部门沟通的需要，报告建议，塔楼与低层建筑的选择必须进行测试。在对宿舍、社区与娱乐设施的指引中，虽探讨了将宿舍与科研建筑混合布置的可能性，但麻省理工学院一直坚持认为，学术活动必须相互联系且集中才能保证其高效率地运作，因此规划委员会建议将西校区完全保留为非科研和学术用途。

总的来说，作为校园规划长期指导的“政策框架”，规划报告就 MIT 未来的校园建设在宏观层面进行了指引，为麻省理工学院之后 40 年的校园发展打下了坚实的基础。

2．东校区规划（1958 年）

在 20 世纪 60 年代初期，东校区的范围是指乔治·伊斯曼研究实验室（George Eastman Research Laboratories）（即 6 号楼）往东到艾姆斯街（Ames Street）的区域，包括了东校区的校友之家（East Campus Alumni Houses）（即 62 号、64 号楼）（图 4–42）。在博斯沃思的规划中，这个区域将作为住宅区发展，同时建设沃克纪念馆（Walker Memorial）（即 50 号楼）和一些娱乐设施为北区服务。截至 20 世纪 60 年代初期，东校区的大部分区域都被用作停车场使用，这为未来校园扩张提供了空间。

在 1958 年至 1959 年期间，规划办公室在筹备“第二世纪基金运动”时，制定了基于东校区需求与发展能力的初步规划，其中包括创建新的庭院以及扩大科研建筑网络。该规划还指出，这个区域的建设需要考虑与未来向东扩张部分的连接。作为麻省理工学院的规划设计顾问，Sasaki 公司为该扩张区域进行了可行性研究。他们设计了多种相互连通的建筑群体方案（图 4–43），以坚持麻省理工学院一直倡导的相互连通的建筑系统原则（Principle of An Interlinked Building System），旨在促进建筑之间的相互流通以及不同部门之间的互动与思想交流。随后，贝聿铭事务所（I.M. Pei & Associates）被委托将 Sasaki 的东校区规划根据 MIT 规划办公室提出的学术面积

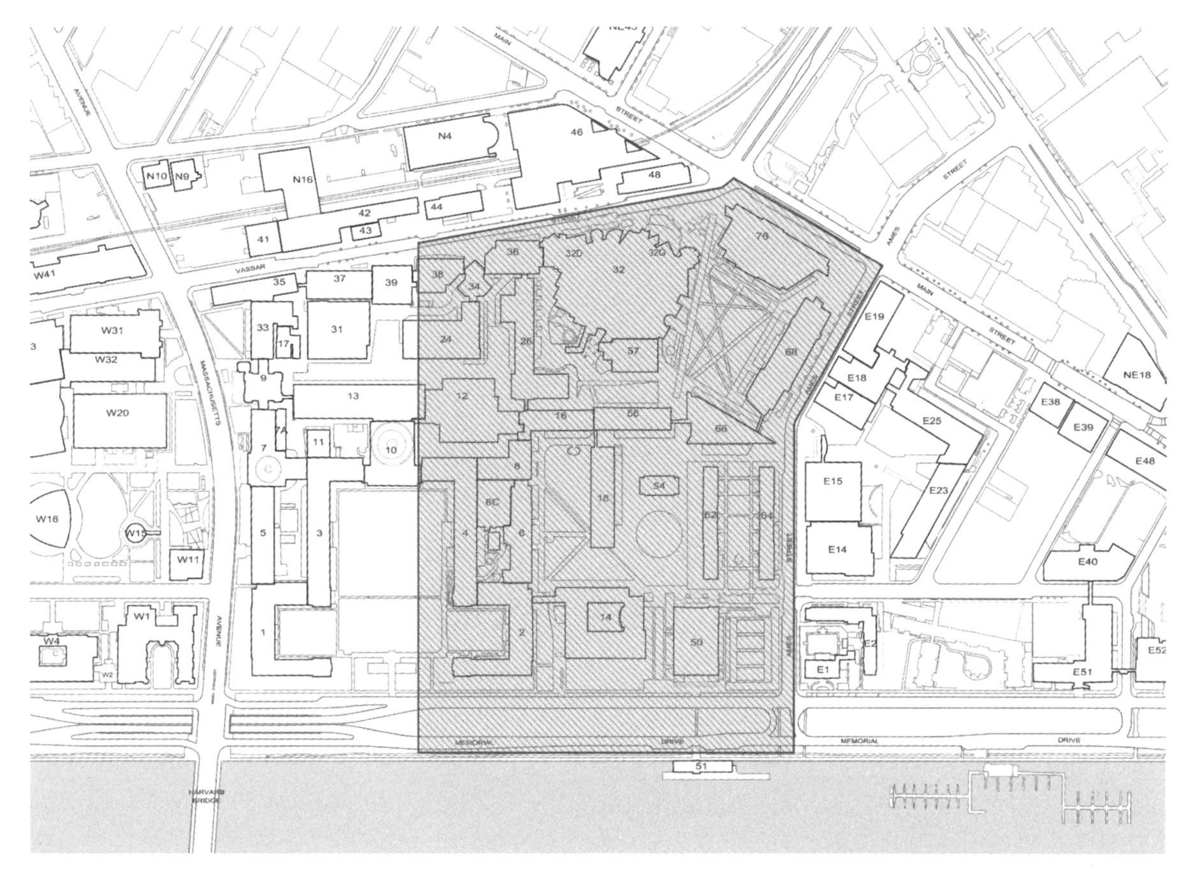

图 4-42　东校区规划范围

需求，落实到具体的场地设计与建筑设计中。贝聿铭①的设计充分考虑了与原有主楼建筑的联系，以及与未来向东扩张部分连接的可能性，同时依据博斯沃思的精神，在东校区创建了两个庭院，即伊斯特曼庭院（Eastman Court）和麦克德莫特庭院（McDermott Court）（图 4-44）。规划办公室认为这对东校区来说是一个好的开端[29]。

3．北校区规划（1961 年）

在 1960 年的校园总体规划中，北校区的范围是主楼以北，以瓦萨街（Vassar Street）、马萨诸塞大道、20 号楼为界的区域（图 4-45），被划定用于发展“第二世纪基金运动”的项目。规划办公室和 Sasaki 公司进行了初步的研究，探索如

---

① 贝聿铭（1917—2019），美籍华人建筑师，1983 年普利兹克奖得主，1940 年取得麻省理工学院建筑学学士学位，是 MIT 的著名校友，MIT 校园的多座建筑皆为其作品。

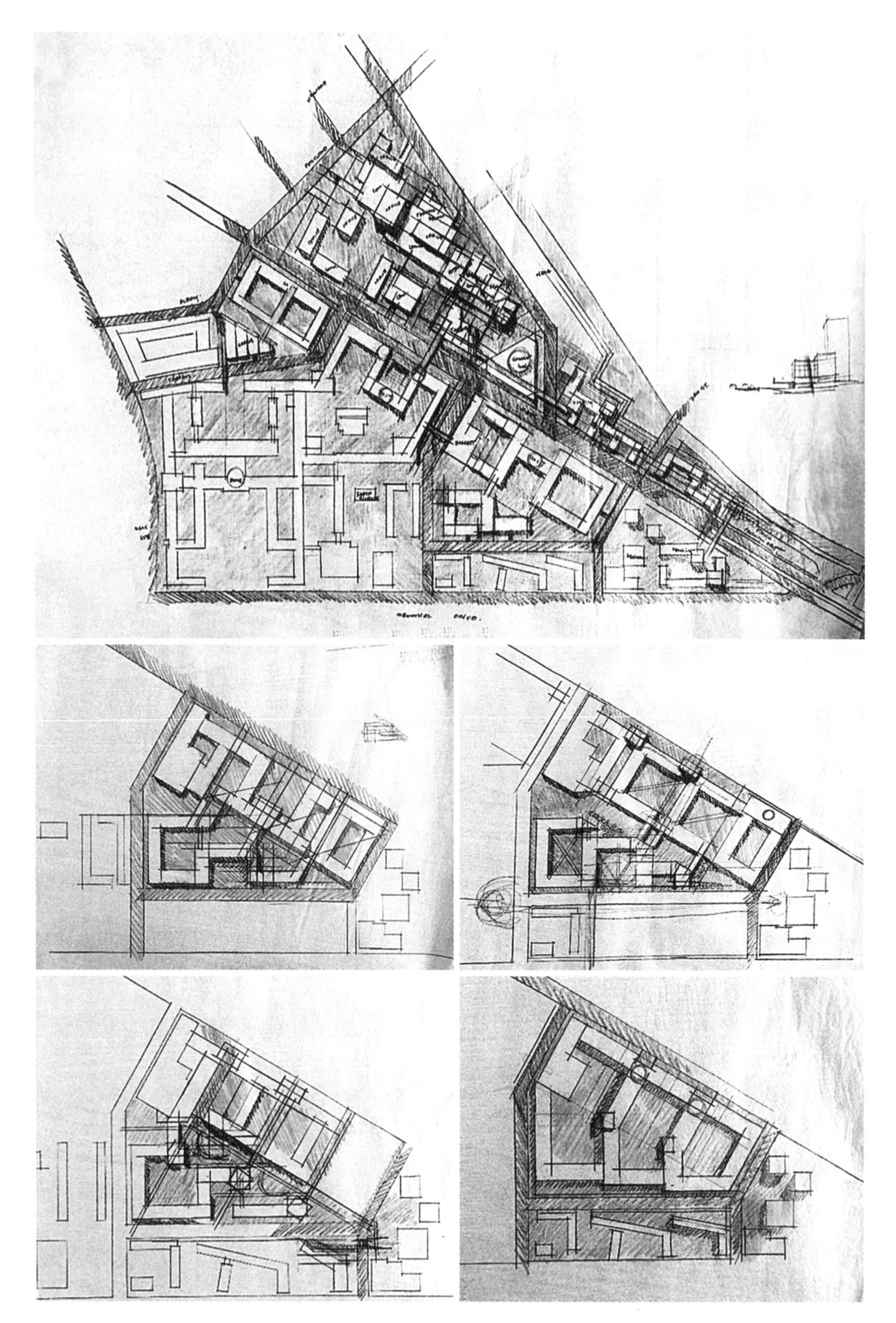

图 4-43　Sasaki 提供的多种相互连通的建筑群体方案

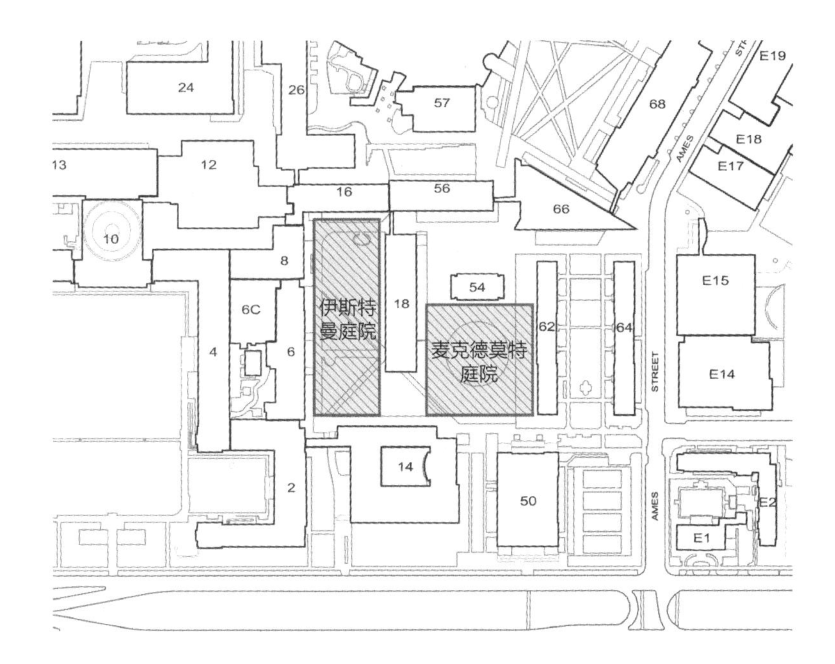

图 4-44　贝聿铭为东校区设计的两个庭院位置示意图

图 4-45　北校区范围鸟瞰

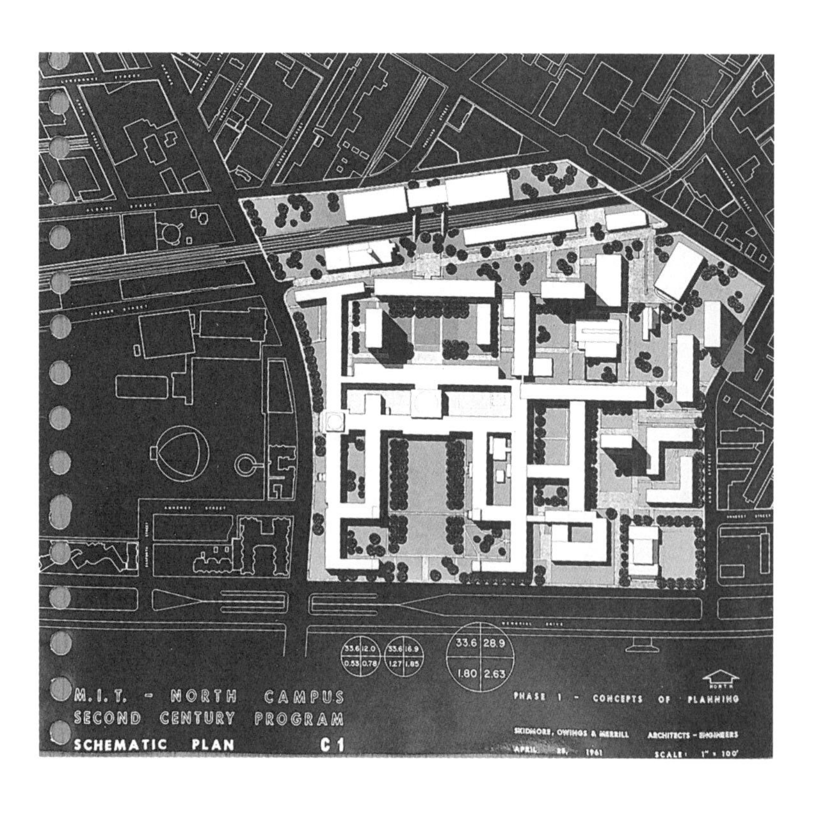

图 4-46　SOM 规划方案总平面图

何满足学术建筑扩张需要，以及场地内旧有建筑是否存续等问题，包括 28 号、30 号、32 号楼三座木制建筑被建议取代，因二战被局部占用的 24 号楼需要修复，分多期建设的 31 号楼需要为新建设让路等。

SOM（Skidmore，Owings and Merrill）公司被选中进行北校区的规划与建筑设计（图 4-46）。根据博斯沃思最初的规划，应从主楼向北扩张，建立庭院与新的校园入口。北校区规划在 10 号楼北侧设计了一个庭院，新规划的建筑与已有建筑相互连通 [29]。北校区规划是对早期校园总体规划理念的延续，体现了麻省理工学院校园规划原则的连续性。经过三十余年的发展，终于克服了重重的困难逐渐完成（图 4-47）。

4．MIT 发展规划（1965 年）

1964 年，在忙完“第二世纪基金运动”的一系列工作后，规划办公室着手开始研究下一轮规划的重要需求。同年 10 月，副校长菲利普·斯托达德（Philip A. Stoddard）明确了“第二世纪基金运动”尚未满足的需求以及其他需要考虑的新项目。其中包括建设研究生中心、传播科学大楼、科学教学中

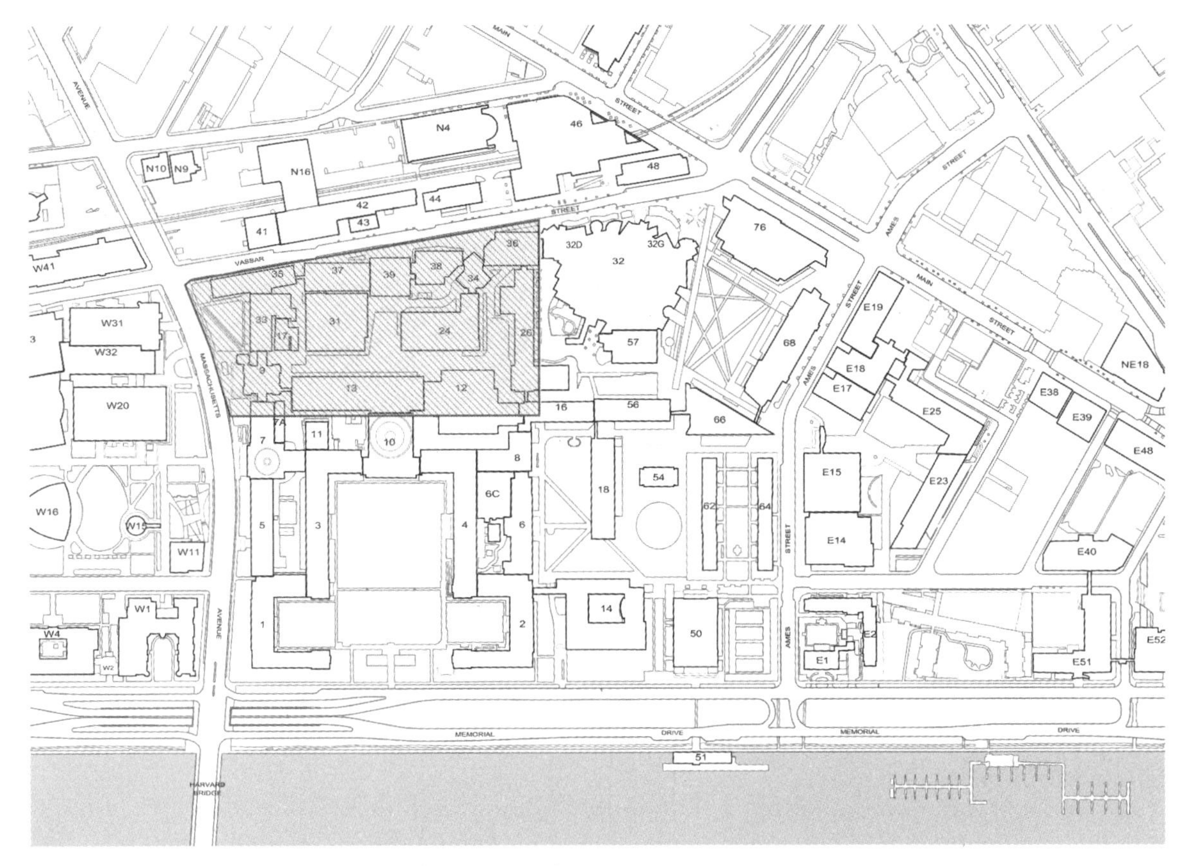

图 4–47　经过三十余年发展后的北校区现状（图中阴影部分）

心、新的本科生宿舍、图书馆等，还需要改善和扩建公共基础设施等。两年后新校长霍华德·约翰逊（Howard W. Johnson）上任，在他的要求下，初期的规划报告被进一步补充完善，形成了未来五年的规划方向和优先建设事项导则。

发展规划明确了之前学术委员会提出的校园位置是否合适的问题，即校园应完整留在剑桥。此外，发展规划建议麻省理工学院的校园建设要以最大化师生的交流互动为目标，同时要重视建筑设计，用以创造视觉宜人的校园环境。该发展规划对校园用地的明确、对促进互动交流的重视都体现了校园早期通过建筑环境促进学科交流的理念[29]。

5．肯德尔广场（1964 年）

随着校园建设的不断推进，MIT 可用的土地资源正在迅速减少，规划办公室意识到应该开始研究校园往东扩张时将面临的规划设计问题。位于学院东侧的肯德尔广场（图 4–48）开

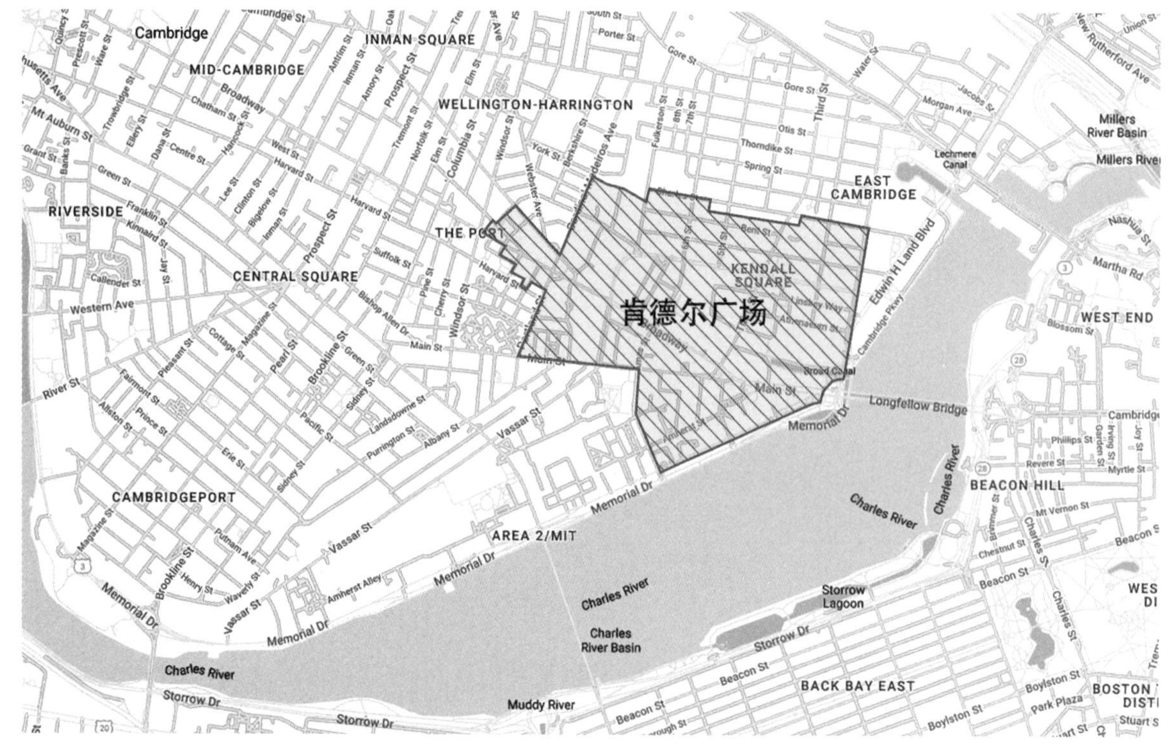

图 4-48　肯德尔广场范围

始发展变化，规划办公室考虑到主校区与斯隆管理学院[①]（位于主校区东侧）的有效联系，决定开始进行五年的规划评审工作。规划办公室委托了当时在麻省理工学院城市和区域规划系任教的凯文·林奇（Kevin Lynch）[②]教授，他与他的团队共同编写了题为《肯德尔广场的机遇》（*Opportunities in Kendall Square*）的研究报告，为麻省理工学院参与肯德尔广场的发展提供了指引，同时也分析制定了麻省理工学院东校区发展的设计原则。

凯文·林奇强调了学院应对未来发展与变化的灵活性（feasibility）与开放性（openness）是必须延续的，他认为最适合麻省理工学院的校园应该是高度连接（highly-connected）

---

① 斯隆管理学院（Sloan School of Management），前身是校友阿尔弗雷德·斯隆（Alfred P. Sloan）于 1952 年捐助成立的产业管理学院（School of Industrial Management），1964 年为纪念斯隆的捐助正式改名为斯隆管理学院。

② 凯文·林奇（1918—1984），著名的美国城市规划师，1947 年获得麻省理工学院城市规划学士学位，后于 MIT 任教，其所著《城市意象》是城市规划领域最有影响力的书籍之一。

图 4-49　今天的肯德尔广场鸟瞰图

的建筑，并且可以方便使用与重复使用。林奇还强调要创造一个生动的、可识别的和卓越的校园，使每个人都能感受到与重要事物的联系。考虑到麻省理工学院的校园发展目标，报告强调必须保持学校与城市的联系。凯文·林奇提出的这些原则成为指引校园规划办公室进行东校区与肯德尔广场规划的重要依据[29]。如今，毗邻 MIT 的肯德尔广场从当年的肥皂厂、糖果厂的工业区发展成为全球最具创造力的区域，被誉为美国的“创新心脏”，驻有谷歌、微软、脸书等高科技公司，以及诺华、辉瑞等全球领先的生物科技公司，与 MIT 在创新与创业方面实现了良好的互动（图 4-49）。

6．新东校区规划（1978 年）

随着麻省理工学院的校园快速发展，规划办公室在 20 世纪 70 年代初开始重新审视凯文·林奇于 1964 年制定的东校区规划研究报告，这份文件为校园与肯德尔广场确立了关键的设计目标。规划办公室认为是时候制定更为具体的建筑开发方案了，为此，其进行了更为详细的东校区研究，探讨了可以连接主校区与斯隆校区的各种可能方案。

新东校区规划于1978年编制，规划明确了惠特克健康科学与技术管理学院（E25）和新医学部健康中心（E23）的设计与发展背景。米切尔 / 朱尔戈拉建筑师事务所（Mitchell/Giurgola Architects）与格鲁珍及合伙人事务所（Gruzen & Partners）负责规划与建筑设计。制定规划的主要负责人是格鲁珍公司的乔丹·格鲁珍（Jordan Gruzen）和彼得·山普顿（Peter Sampton），他们是麻省理工学院的毕业生，对学校的规划与设计传统有着深刻的认识。新东校区规划重点关注位于主街的被肯德尔广场限定的校园北边界，校园红线外扩、院系扩建都面临日益增长的压力，加速收购土地被提上日程。同时，为了建立联系主校区与斯隆校区的建筑系统，该规划建议沿卡尔顿街、从新地铁站到阿默斯特街布置开放空间，同时考虑景观提升，需要将停车区域迁走。可惜的是，规划还没来得及完全确定，E23和E25的建设任务就开始了，因此，新东校区的景观策略与设计导则并未完全制定。积极的一面是，连接E23和E25的中庭遵循了在《肯德尔广场的机遇》研究中确立的视线连接原则（图4-50），为从地铁站过来的行人提供了强烈的视觉体验与清晰的方向指引。这两栋建筑加强了主校区与东校区在物理环境与知识方面的联系，有助于实现将主校区与斯隆校区的管理与社会科学社区相联系的总体规划目标。这让麻省理工学院规划部门进一步认识到，作为根植于沟通与合作的理想校园来说，追求物理空间上的联系应该始终作为校园规划建设的重要目标[29]。

4.3.4 代表性建筑

1. 54号楼

54号楼即塞西尔和艾达·格林大楼（Cecil and Ida Green Building），是MIT的地球科学大楼，设有地球、大气和行星科学系，于1964年由校友塞西尔·格林（Cecil H. Green）博士和他的妻子一起捐资建成。大楼由校友贝聿铭设计，位于主

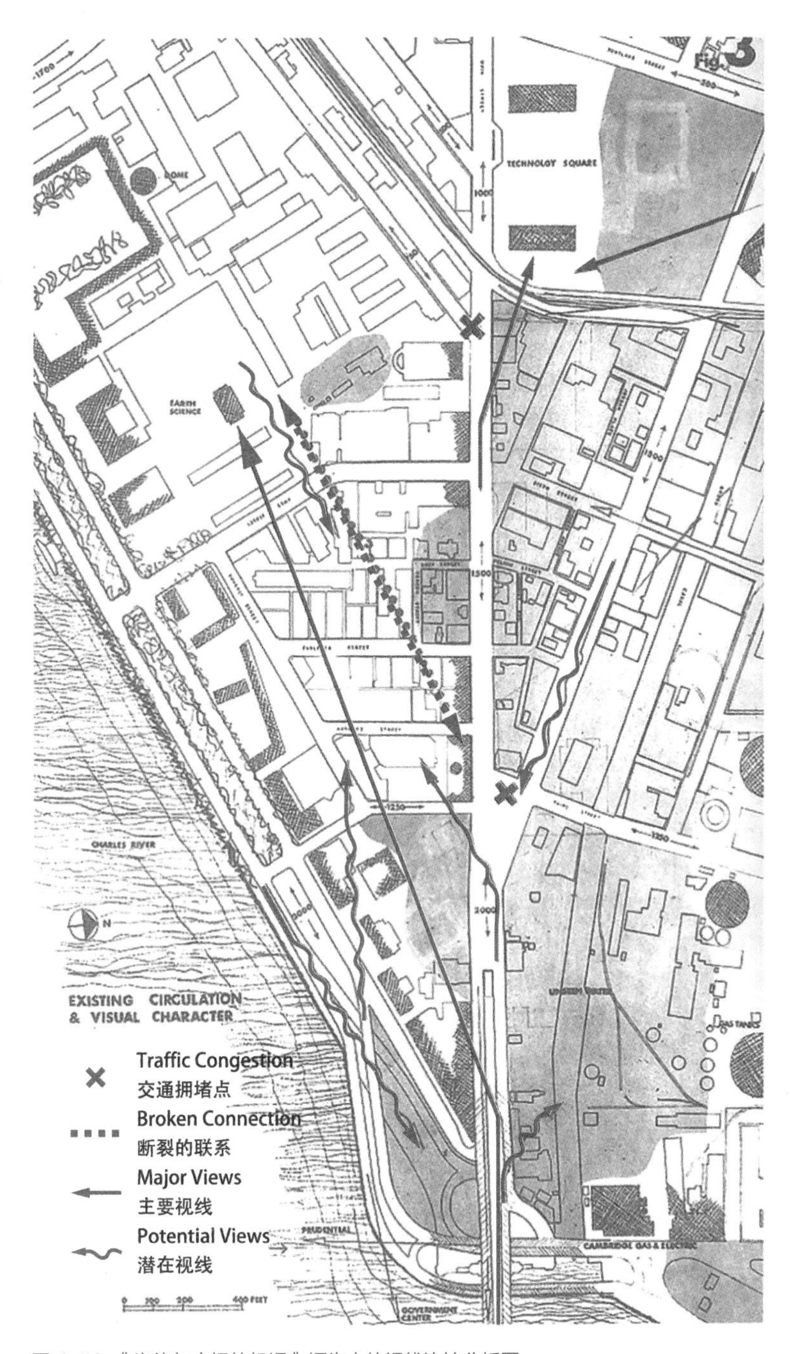

图 4-50 《肯德尔广场的机遇》报告中的视线连接分析图

楼建筑群东侧（图 4-51），是校园唯一的塔楼式学术建筑，也是 MIT 校园最高的建筑（距地面约 91m）。

54 号楼选择以塔楼的建筑形式与它所容纳的功能不无关系（图 4-52），气象雷达设备与无线电通信设备都需要放置在

图 4-51　54 号楼现状照片

屋顶气象学实验室
20 建筑机械服务
19 雷达发射机
18 气象雷达
17 气象部门总部
16 天气学
15 动态气象行星环流
14 理论流体力学长期预报
13 海洋实验室
12 地球化学实验室
11 同位素地质实验室
10 卡伯特光谱和沉积学实验室
9 地球科学教员休息室 地质及地球物理总部
8 晶体学实验室
7 岩石力学实验室
6 机电商店
5 地球物理实验室
4 地质学教学实验室
3 教室 研讨室
2 林格伦图书馆 施瓦茨纪念地图室
1 演讲厅

图 4-52　54 号楼各楼层功能分布

保证视距的优势位置，因此周围的建筑都远低于 54 号楼，避免了对无线电信号的干扰。然而，因为每层楼的面积十分有限，仅有 $657m^2$（18m × 36.5m），很难完整容纳一个研究小组的使用空间，迫使许多教授、研究人员和学生不得不分隔于不同楼层，严重阻碍了麻省理工学院长期以来注重的培养人际交往的传统。位于 9 层的休息室是整栋楼唯一有社区氛围的交流场所。垂直发展的学术空间也使得 54 号楼里许多开创性工作难以为其他学科的研究人员所知，比如混沌理论的发展、地震层析成像、数值天气预报、气候模拟和意义深远的 NASA 任务等。2019 年，针对 54 号楼的改造项目被提出，包括提供一个窗口让人们了解其内部正在进行的重要工作，增加约 $1115m^2$ 的新空间，以提供新的会议场所、教室与学习区域（图 4-53），为不同部门之间的交流提供更大的机会 [30]。

2．E15 号楼

E15 号楼也称威斯纳大楼（Wiesner Building），是麻省理工学院媒体实验室和李斯特视觉艺术中心（List Visual Arts Center）的所在地。该项目被誉为建筑师与艺术家合作的典范，于 1985 年由著名校友贝聿铭设计建成。这座建筑与贝聿铭早期在麻省理工学院校园的作品有所不同，采用白色铝制的外观，整体是一个四层的无窗立方体，与周围环境形成较大的

图 4-53　54 号楼改造项目效果图

图 4-54　E15 号楼中庭照片

反差，以呼应其作为视觉实验室的身份。建筑底层是麻省理工学院的视觉艺术中心，一个当代艺术博物馆和视觉艺术实验室，是美国最重要的大学艺术画廊之一。楼上是工作室和实验室，以及实验媒体剧院。在这个项目上，贝聿铭与三位艺术家密切合作：肯尼斯·诺兰（Kenneth Noland）负责建筑立面的彩色线条设计；雕塑家斯科特·伯顿（Scott Burton）设计了中庭空间的楼梯、栏杆与长凳；环境艺术家理查德·弗莱施纳（Richard Fleischner）设计了建筑周围的植物和几何形铺砌的庭院。整座建筑是建筑师与艺术家跨界合作的成果（图 4-54）。

3．W20 号楼

W20 号楼即斯特拉顿学生中心（Stratton Student Center），于 1965 年由著名建筑师爱德华多·卡塔拉诺（Eduardo Catalano）设计建成。其命名是为纪念当时即将离任的斯特拉顿校长，感谢他对新建学生中心的支持。建成的学生中心是一座引人注目的对称混凝土建筑，带有大玻璃窗、露台和宽大的台阶（图 4–55）。建成时包括餐厅、舞厅、学生活动会议室、本科生协会、地下商业空间、邮局和理发店等，后来又新增了一座本科生图书馆。

由于学生中心位于以学术科研为主的主校区与以学生生活运动为主的西校区的交界处，因此学生中心一直是最有活力的建筑之一。目前斯特拉顿学生中心是 MIT 重要的商业、社交、教育和娱乐活动场所。其首层作为校园公共场所，学生们可以在这里集会和聚会，拥有超过四十个学生办公室和休息室、七个餐饮场所、团体研究阅览室、休息室、艺术画廊、书店、银行、超市、学生生活办公室等空间（图 4–56）。斯特拉顿学生

图 4–55　W20 号楼建筑外观

图 4–56　W20 号楼的内部空间

中心的阅览室被学生称为“最佳的学习场所”，每到期中或期末考试前，几乎所有人都会聚集在这个阅览室学习[31]。

4.4　进入 20 世纪（2001 年至今）

4.4.1　教育理念与学科发展

进入 21 世纪后，MIT 继续践行其培养创新人才的教育使命，教育理念与学科发展重点主要包括以下三点。

1．信息时代互联网在教学中的应用

随着信息时代的到来，计算机与互联网在 MIT 教学中的应用得到了进一步加强。2001 年，MIT 开发了互联网实验室（Web Lab），用于进行测试微电子设备的实验，这是一个每天 24 小时供学生在宿舍或其他地方都可以方便使用的线上实验室[67]；2011 年，MIT 又推出了新的在线学习计划，通过一个独特的在线互动学习平台提供一系列麻省理工学院的课程；同年麻省理工学院和哈佛大学宣布了一个开创性的合作项目，加强校园线下教学的同时发展一个全球在线学习者社区[68]。

2．持续重视跨学科合作的研究与教学

2001 年 2 月 28 日，麦戈文大脑研究所成立。该研究所使用多学科的方法研究人类大脑功能，除了生物科学外，还包括应用物理学、工程学、计算机科学、计算神经科学和认知心理学，MIT 为该研究所新建了一座最先进的科研建筑（46 号楼）[67]；2005 年 MIT 批准创建生物工程系，以进一步加强对工程与生命和物理科学的融合[69]；2011 年，一个新的艺术、科学和技术中心（CAST）在麻省理工学院成立，以推动学院在将艺术融入课程方面的领导地位[68]。

2018 年 6 月 5 日，MIT 批准设立新的跨学科本科专业——城市科学，由城市规划、电气工程和计算机科学系共同设立和管理，将人工智能和大数据的工具与城市规划、社会科学及政策相结合。这将形成一个独特的知识领域，促使城市科学家能够以前所未有的方式理解城市和城市的这些数据，从而塑造更美好的世界。MIT 这一举措是针对当下新环境的需求，在建筑规划教育领域的变革中迈出的最重要一步。

3．重视能源研究与可持续环境

2008 年麻省理工学院能源倡议（MITEI）有力地加速了麻省理工学院的能源研究议程，包括一系列重大政策项目[70]；2011 年麻省理工学院环境研究委员会（ERC）提交了其报告《实施麻省理工学院全球环境倡议》，其中概述了在麻省理工学院推进可持续性和解决环境问题的愿景[68]。

4.4.2 校园整体建设情况

相对前一时期，2001 年以后校园的建设增幅趋于平缓（表 4–3）。截至 2017 年，校园总建筑面积从 2000 年的 91 万 m^2，增长到 2017 年的 122 万 m^2，增幅约 34%。其中学术建筑面积增长约 39%，从 51 万 m^2 增加到 71 万 m^2；宿舍建筑面积增长约 37%，从 20 万 m^2 增加到 27 万 $m^2$①。这一时期也新建成很多重要的建筑，包括斯塔塔中心，32 号楼、媒体实验室综合体（Media Lab Complex，E14 号楼）、大脑与认知科学综合体（Brain and Cognitive Sciences Complex，46 号楼），大卫 · H. 科赫综合癌症研究所（The David H. Koch Institute for Integrative Cancer Research，76 号楼）、纳米实验室（MIT Nano，12 号楼）等。

4.4.3 重要的校园规划项目

1.《MIT 校园发展框架：原则、建议和战略举措》

1999 年，麻省理工学院发起了一项 15 亿美元的运动，以支持学院进入 21 世纪能继续践行其教育使命。《MIT 校园发展框架：原则、建议和战略举措》（简称《发展框架》）[39] 就是这场运动的一部分，由美国奥林景观公司（Olin Partnership）

① 根据 2017 年 9 月 27 日的《SPACE ACCOUNTING》以及《GROSS FLOOR AREA OF MIT ACADEMIC PROPERTY: growth and distribution by type》数据进行统计。

2001 年以后麻省理工学院校园主要的新增建筑　　表 4-3

时间	校园平面图（新建 ■，已有 ■）	新增建筑
2001～2010 年		W35、W79、NW86 号楼（2002），32 号楼（2004），46 号楼（2005），W89 号楼（2006），6C 号楼（2007），NW35 号楼（2008），E14 号楼（2009），E62、76 号楼（2010）
2011 年以后		W64 号楼（2013），NW23（2016），12 号楼（2018）

历时两年于 2001 年 11 月编制完成（图 4-57）。《发展框架》首先明确了麻省理工学院"致力于通过多样化的校园社区为学生提供智力上的刺激，为他们提供一种将严谨的学术研究与发现的兴奋相结合的教育，培养他们聪明、创新、高效地工作的能力与热情"。[39] 的办学目标，并分别从周边环境（图 4-58），校园使命与目标，连通性、公共生活与公共空间，建筑设计与校园建筑，景观危机五个方面分析麻省理工学院的现状、问题与面临的挑战。其中连通性、公共生活与公共空间，建筑设计与校园建筑两个方面特别强调了学院应通过建筑设计来建设一个支持性的、相互联系的校园环境，以鼓励更多的互动与交流。

（1）校园使命与目标

《发展框架》开篇，麻省理工学院的使命被再次强调："学校的使命是在科学、技术和其他学术领域提高学生的知识水平，以便在 21 世纪更好地为国家和世界服务。"其发展目标也被进一步明确："麻省理工学院致力于通过多样化的校园社区为学生提供智力上的刺激，为他们提供一种将严谨的学术研究

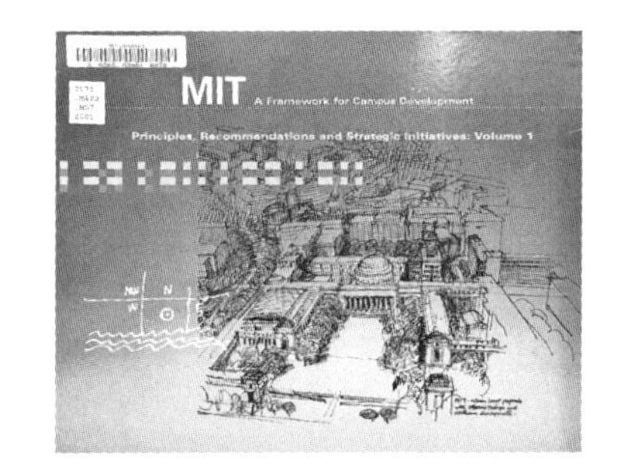

图 4-57 《MIT 校园发展框架：原则、建议和战略举措》封面

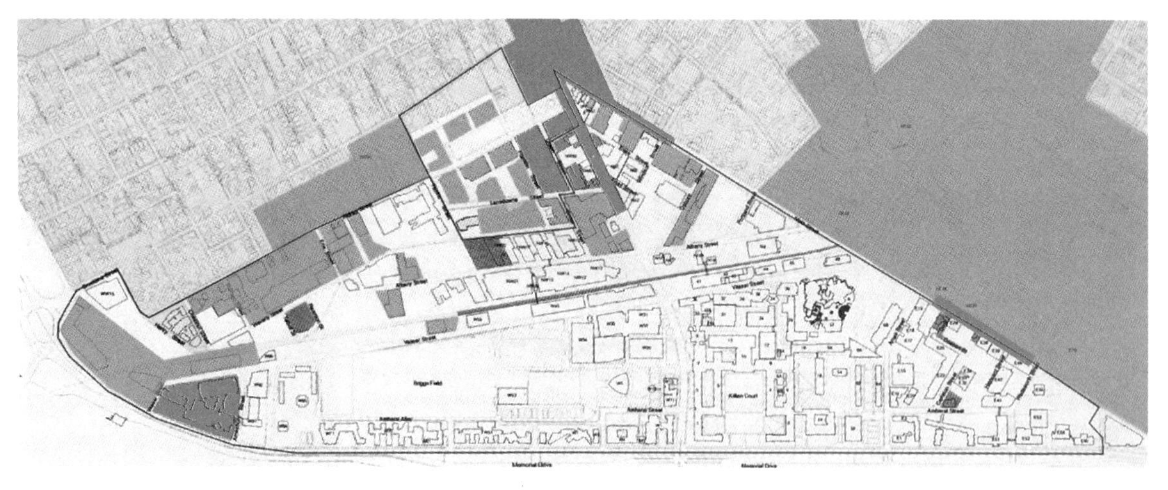

零售 / 商业　　办公 / 产业 / 研发　　邻近居住区

图 4-58　周边环境的用地功能

与发现的兴奋相结合的教育，培养他们聪明、创新、高效地工作的能力与热情。”[39]。

（2）连通性、公共生活与公共空间

“连通性”（connectivity）作为创始人罗杰斯提出的重要理念，一直指引着麻省理工学院的发展，校园中的“无尽长廊”与相互连通的建筑群就是连通性的体现。麻省理工学院倡导在共享经验、共享知识的环境中学习，相互连通的建筑与空间可以鼓励不同学科知识的共享与创新，这也一直是麻省理工学院校园空间最重要的特点。

麻省理工学院一直希望创造一个多样混合使用的空间环境，多层次的廊道、教室、通道和场所网络使其实现不同学科彼此邻近布局的目标。当时正在进行的斯隆学院扩建项目就践行了这一理念，鼓励不同学科的合作。《发展框架》认为学院学术事业扩张的最好机会是往北与往东，应延续“相互联系的学术网络”（an interconnected academic fabric）的理念，并在发展新设施时确保建筑空间具有最大的灵活性。

《发展框架》认为，麻省理工学院的公共空间应该通过吸引没有机会互动与交流的校园人群来形成积极的公共社区，但目前的校园公共空间仍然较为匮乏，麻省理工学院需要更多地方来培养多元丰富的社交场所。有些公共空间虽然存在，但没

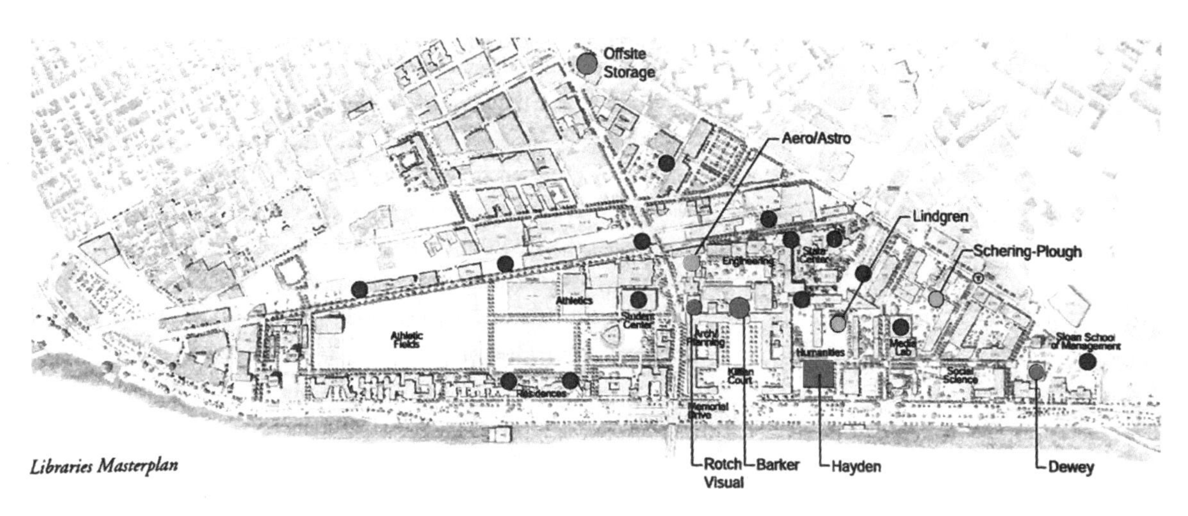

■ 翻新的海登图书馆，音乐系与档案馆　● 专业学院图书馆　● 图书馆分馆与档案现代化　● 建议的服务门户　● 异地储存设施

图 4-59　图书馆分布图

能有效促进社区生活，可以被视为已经“死亡”的空间。总的来说，除了校园主要交通流线附近的某些地方以外，几乎没有什么地方允许偶遇或计划中的相遇发生。《发展框架》也着重分析了麻省理工学院的图书馆（图 4-59），不同学科的学术群体因共同的学术追求在这里相遇。未来，图书馆要进一步增加鼓励师生非正式交流的空间，同时要在校园为图书馆创造更方便可达的交通条件。

（3）建筑设计与校园建筑

《发展框架》将麻省理工学院的建筑分为特殊与普通两类：特殊建筑是标志性建筑，具有独特性，最好是在一个高品质的建筑群中欣赏；而普通的建筑就是坚固、清晰、简单的建筑，虽然不是著名建筑师建造的，但它们是提供健康、舒适和高效的工作场所。这些普通建筑中的功能性空间都是经过深思熟虑塑造的，是有效促进校园建筑形成互联互通网络的重要部分。

《发展框架》明确了在不改变 MIT 校园空间特点的基础上，改善环境，并进一步支持其独特且适宜的场所感，以及丰富且实用的城市肌理的规划目标，并提出了以下八点规划原则：

①提供设施支持麻省理工学院的学术使命；

②为不同人群的交流提供场所，从而强化学院的社区化；

③通过“连通性”和功能混合将过去与未来融合，实现24小时安全与活力的校园（在这一原则的论述中也提及这是延续弗里曼与博斯沃思的规划设计思想，即促进信息和思想的跨学科混合与共享）；

④保护和加强可以定义这个学校特征的标志性场所；

⑤结合校园建筑、开放空间和活动来创造一个连续的景观结构；

⑥以反映时代精神和技术的建筑，结合高质量的功能性建筑和有重要意义的设计，扩展和支持校园环境；

⑦重视材料、技术与环境策略以优化资源管理和减少环境成本；

⑧将学院与更大的城市环境联系起来，认识到学院与邻近社区及剑桥市的共同义务。[39]

在这些原则的指导下，《发展框架》提出了激活校园的主要建议和改善体育、宿舍、交通等方面设施的优化策略，以及扩展现有流线，改善校园内的步行交通体系，加强与新开发地点的交通联系的策略。连接生活与学习的步行网络无疑是学院最重要的价值体现，目前是以“无尽长廊”和阿姆斯特轴线为主（图4-60），随着新区的开发，必须扩展并建立有清晰分级的步行系统（图4-61、图4-62），增加“无尽长廊”室外部分的辨识度，引导人们穿行内部，从而促进内部与外部步行道路流线的连续性。

总体来说，《发展框架》提出于21世纪初，是麻省理工学院鼓励创新的校园文化与校园空间特征已然形成的背景下提出的。麻省理工学院已取得的巨大成就也证明了其教育理念与鼓励创新的校园环境与文化的意义。麻省理工学院鼓励联系城市、联系不同社区、联系不同人群，倡导跨学科的信息交流与合作，相互联系的建筑群所构建的公共学术网络是其价值观在校园建设上的反映，无论在校园规划、建筑设计还是景观设计层面，校园的发展目标始终围绕着“连通性”“灵活性”的校园空间特征，这是自学院成立之初就确定的方向并一直贯彻至今。

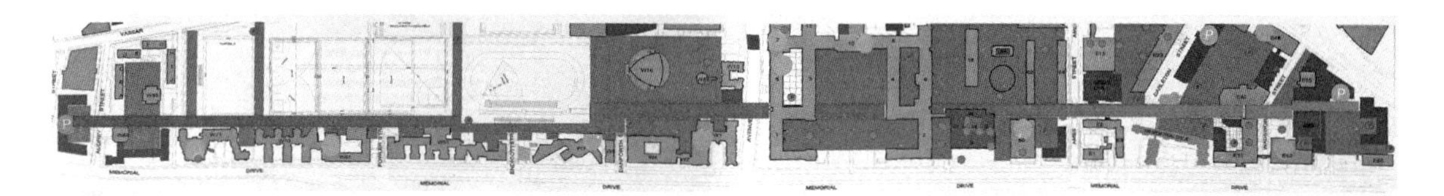

图 4-60　阿姆斯特轴线

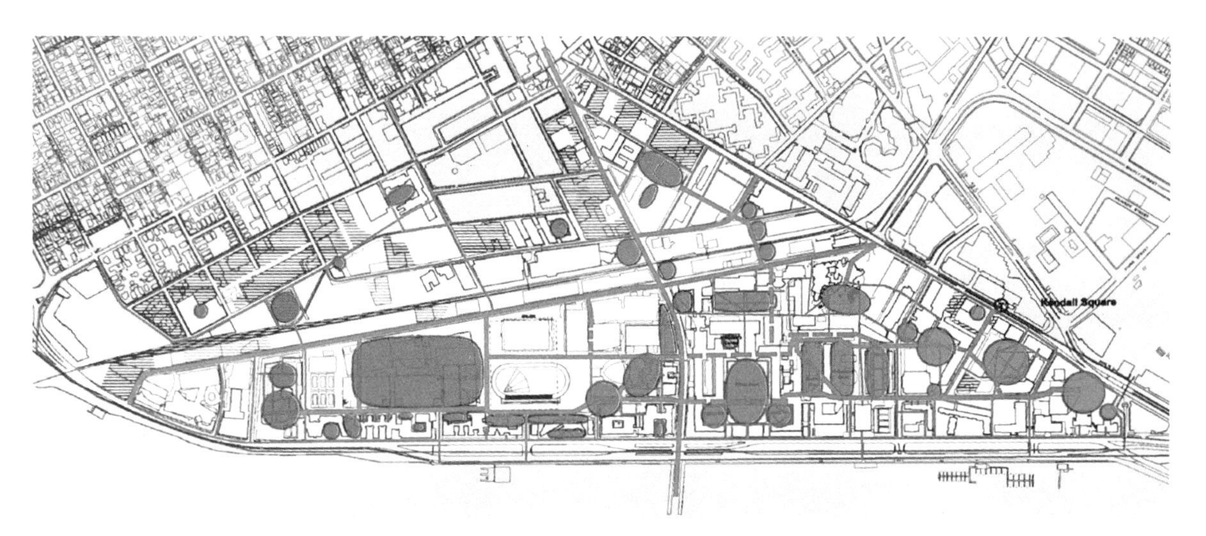

图 4-61　建议的开放空间网络

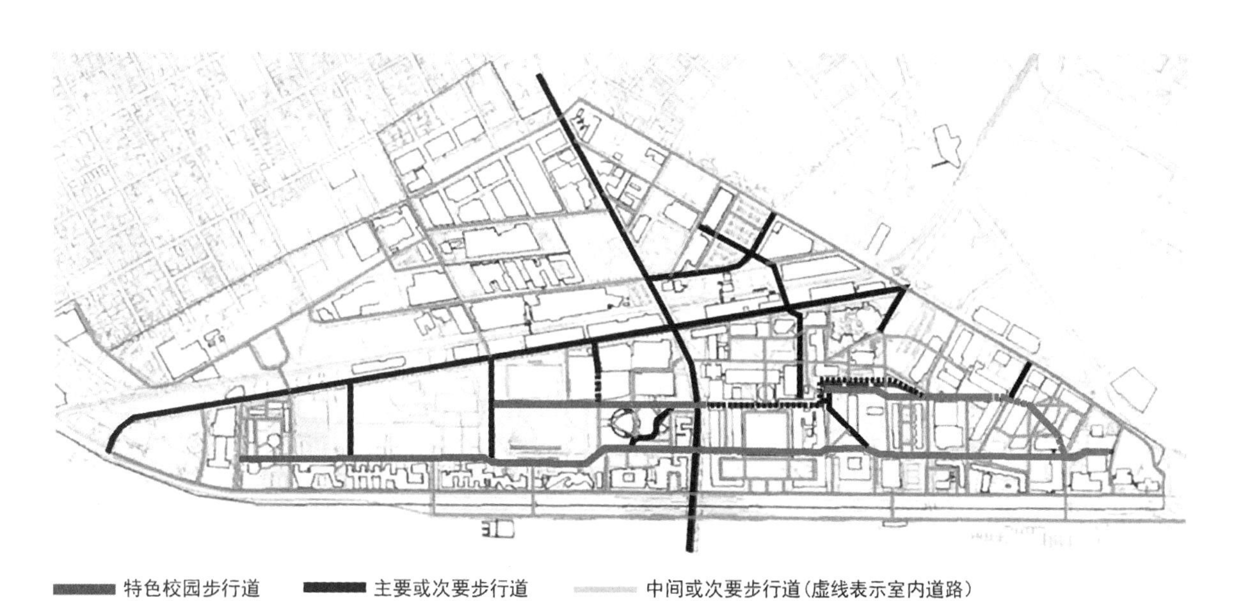

图 4-62　建议的步行等级

2．MIT《2030 规划框架》

2008 年，麻省理工学院的学术和行政领导开始密切合作，致力于为校园和周围环境的演变提出指导方针，以满足未来的学术研究需求，并继续促进创新。《2030 规划框架》由此建立。考虑到未来会有无数的未知变量，这是一个极灵活的框架，其目标是确保麻省理工学院在规划框架指导下能够获得进步、包容与智慧[32]。

《2030 规划框架》涵盖了局部系统改造升级（包括屋顶和窗户）、空间和建筑翻新再利用、新建建筑以及学院拥有的土地和财产的优化利用等广泛的项目。规划框架明确了这些项目应遵循的原则，包括在可能的情况下，通过更新和翻新来满足设施需求；加快系统的更新计划（包括更新屋顶、电梯和其他系统）；创建灵活的科学和技术研究空间，以响应创新的学术和合作倡议；多部门联合以确定建议方案的可行性。《2030 规划框架》将这些规划原则总结为四个主题：①创新与合作（Innovation and Collaboration）；②改造、更新与管理（Renovation，Renewal，Stewardship）；③可持续性（Sustainability）的校园环境；④生活与学习提升（Enhancement of Life and Learning）。相关的规划项目都围绕这些主题框架进行[32]。

（1）创新与合作

《2030 规划框架》强调，创新与合作一直是麻省理工学院的办学使命，未来麻省理工学院也应继续致力于推进学院内部以及对外与相关行业引领者之间的合作和创新。具体而言，在未来的规划中，麻省理工学院将继续鼓励合作与合资，最大限度地扩大创新和发明的机会。同时要充分利用地理位置的优势，重视校园内部与附近创新区的规划发展。《2030 规划框架》引用了已故建筑与规划学院院长的威廉·米切尔（William J. Mitchell）曾说过的话："通过让人们相遇，通过让知识以不同的方式组合在一起，创造意想不到的联系的可能性，这是很重要的。麻省理工学院的一个特点是它集中了很多人才并创造了一种期待，认为重要的事情将会发生"，来强调应通过校园物理空间的邻近性实现促进潜在的合作、知识转移与跨学科交流的重要意义[32]。

（2）改造、更新与管理

为了更好地支持麻省理工学院的教育、研究和学术活动，改造、更新与管理一直是麻省理工学院规划建设的重要内容。随着各学科研究方法、研究技术的不断发展，为了支持前沿领域的研究工作，校园的许多建筑与设施都有维修与更新改造需要。由于资金等问题，目前已造成了较大的任务积压。因此《2030 规划框架》发展了两个专注于更新与管理的项目——加速资本更新计划（ACR）与综合管理小组（CSG），这两个项目将帮助校园决策者管理和维护麻省理工学院校园的现有各项设施。其目标是将校园更新和管理计划与学术需求和优先次序结合起来，以提高学院的整体学术效益，从而实现麻省理工学院的使命；为评估维护与更新的需求提供新的工具、流程与管理手段，避免任务积压，同时对校园的许多历史建筑和标志性建筑进行更新（图 4–63），发挥它们在历史和文化发展中的重要作用[32]。

（3）可持续性的校园环境

《2030 规划框架》指出，麻省理工学院作为可持续校园宪章的成员，一直致力于追求提高能源效率与校园环境可持续性。可持续性的目标包括降低能源消耗、提高效率、节约资

图 4–63　校园历史建筑与标志性建筑分布

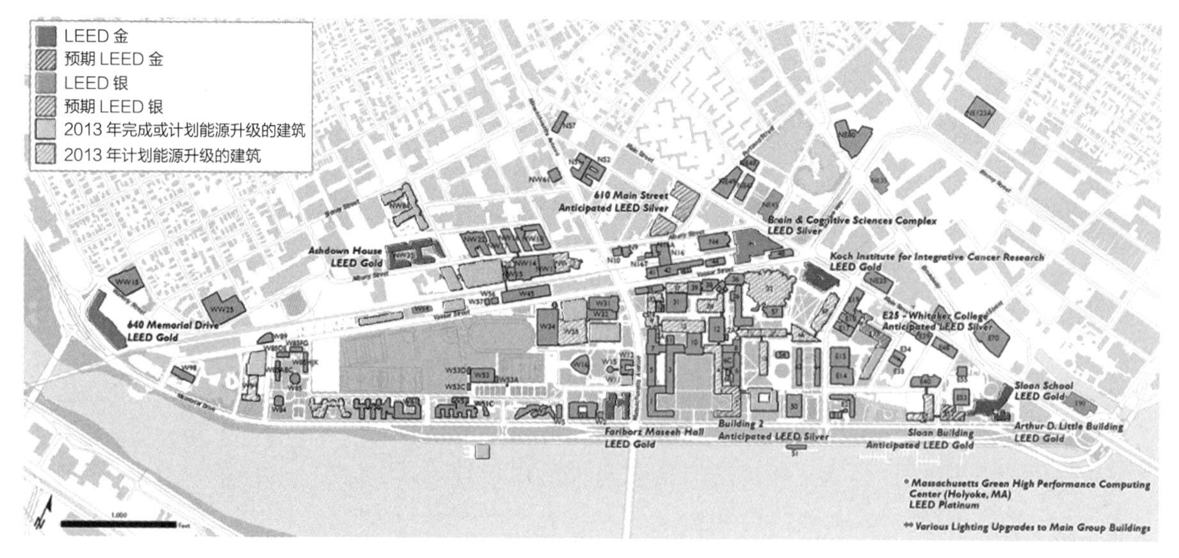

图 4-64　LEED 建筑与能源效率升级分布图

源、减少浪费和增加循环利用等。所有新的建筑项目都将达到或超过高性能绿色建筑 LEED 银级标准[32]（图 4-64）。

（4）生活与学习提升

《2030 规划框架》指出，麻省理工学院将从学术、研究与生活三方面着手，建设一个安全有活力的场所以承载师生的活动。具体来讲，学院将设计可以鼓励合作、参与、实验和知识转移的教育和研究空间；为了促进与周边社区的互动，将在校园边界建设有吸引力的社区设施；对于学生宿舍和其他学生设施，学院将居住、餐饮、活动、艺术和体育等问题纳入考虑；重视营造可以促进聚集与交流的社区通道和聚集空间。基于这些努力，优化师生的社区体验，融合生活和学习活动，培养师生的校园归属感[32]。

4.4.4　代表性建筑

1．斯塔塔中心（32 号楼）

由著名建筑师弗兰克·盖里（Frank O. Gehry）设计的斯塔塔中心，得益于麻省理工学院校友雷·斯塔塔（Ray Stata）和他的妻子玛丽亚·斯塔塔（Maria Stata）在 1997 年向新建筑建设捐赠的 2500 万美元，以及 1998 年亚历克斯·德雷福斯（Alex Dreyfoos）承诺的 1500 万美元、1999 年比尔·盖茨（Bill

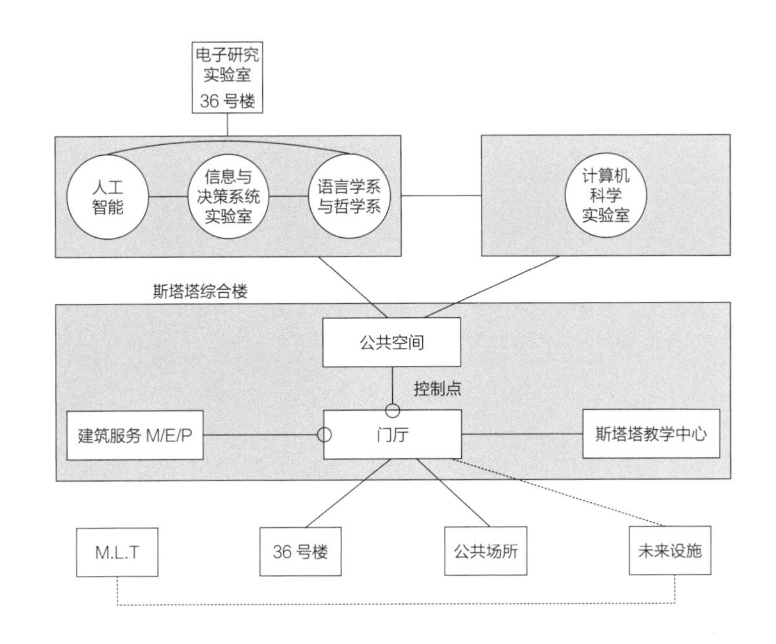

图 4-65　弗兰克·盖里事务所绘制的斯塔塔中心组织关系图，通过设置公共协作空间，促进不同研究群体之间的积极互动

Gates）捐赠的 2000 万美元。

新的斯塔塔中心选址正是在充满传奇色彩的 20 号楼遗址上。用地面积为 1.13hm^2，总建筑面积包括 4 万 m^2 地面建筑与 2.7 万 m^2 的地下车库。与 MIT 其他学术建筑一样，斯塔塔中心汇集了多个实验室与部门（图 4–65），目前包含计算机科学与人工智能实验室（CSAIL）、信息与决策系统实验室（LIDS）、语言学系与哲学系，以及麻省理工学院活动委员会、幼儿园。此外，还包含阶梯教室、校园餐厅、健身房、地下车库和一个室外的圆形阶梯剧场。

麻省理工学院希望斯塔塔中心建筑设计可以延续 20 号楼的创新精神与空间的灵活性，提高人们科研与创新的效率。通过合理的建筑空间设计，促进计算机科学、人工智能、信息决策系统和语言学与哲学系部门的交互协作，从而激发出全新的研究探索（图 4–66）。同时需要为研究人员提供良好的自然光线与通风环境，并与邻近建筑物相互连接，拓展“无尽长廊”空间。

建筑内部采用极其灵活、自由的布局方式，提供了三种工作研究空间：私人空间、协作空间和社会空间，并鼓励人们离开私人空间进行合作互动。依据不同实验室的使用需求，采用 2 层甚至 3 层通高的塔形空间设计，在二、三层用更多的玻璃

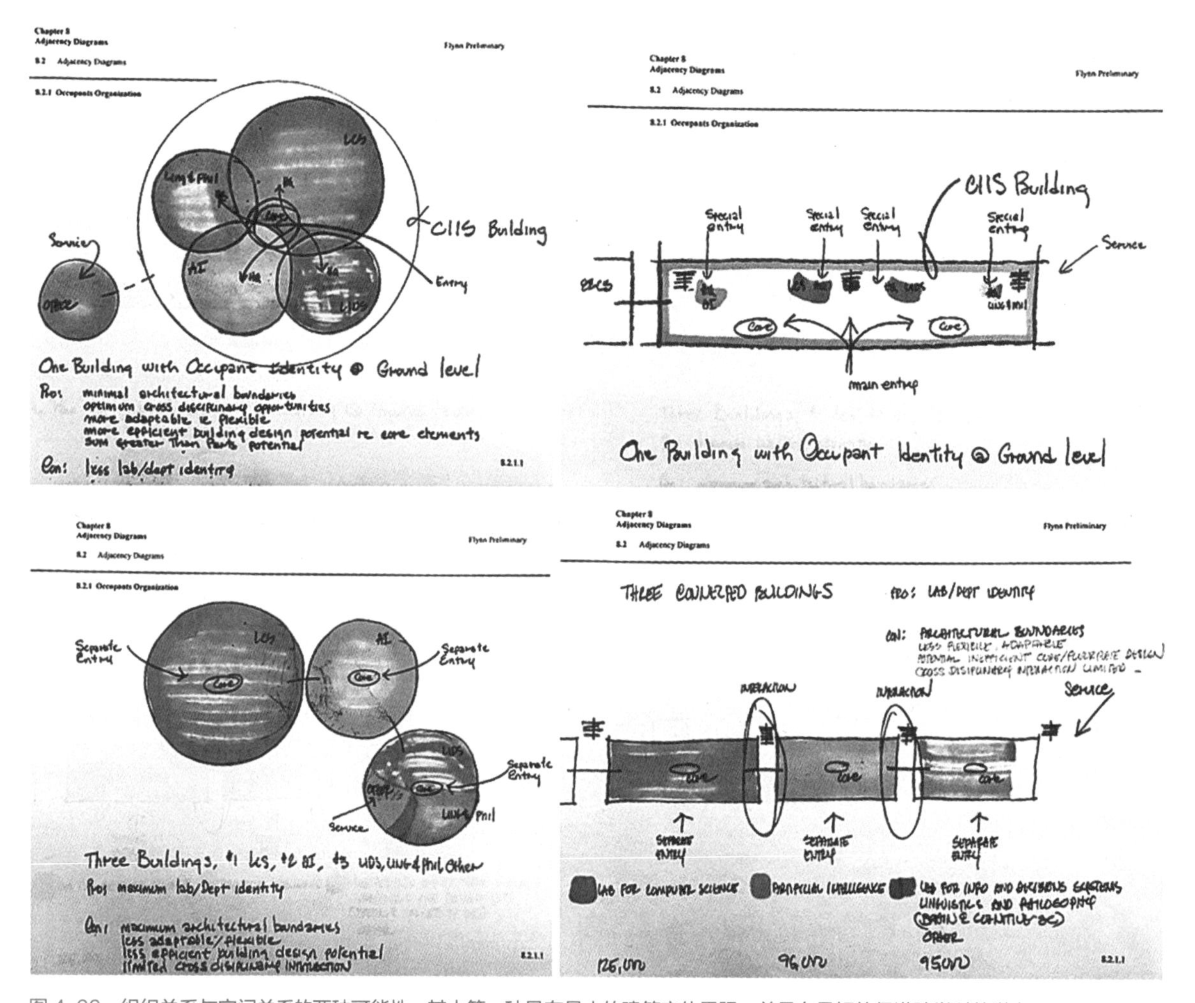

图 4-66 组织关系与空间关系的两种可能性，其中第一种具有最小的建筑实体界限，并具有最好的促进跨学科的潜力

墙面围合实验室空间，并在与之相邻的空间布置楼梯走道等通行空间，既增加了视觉联系，也避免了一定程度上对研究工作的干扰。除此之外，即使是某些较小的教室或讨论室也都会朝向围绕周围的通行空间开窗，因此，当学生与老师穿梭于走道时，无论是实验室里进行的操作、演示，还是讨论室、教室里进行的研讨、交流，都能一目了然（图 4-67）。位于斯塔特中心一层，联系几个建筑出入口与楼梯、坡道的公共空间被称为“学生街”（图 4-68），咖啡厅、座椅、售票中心、艺术装置、整层高的黑板沿着“街道”两侧自由地布置，这是一个丰富的城镇广场。信息与决策系统实验室主任在搬进建筑两个月后，接受采访时仍然表示“迷路了很多次”。因为这里没有一个传

图 4-67　斯塔塔中心工作空间与交通空间的视觉联系

图 4-68　斯塔塔中心一层的学生街

统的走廊空间，曲曲折折，或宽敞或狭窄，串联着许多形状、大小各异的开放空间，结合半透明的使用空间，知识与信息可以自由平等地传播。

斯塔塔中心的建筑外观依然延续盖里的解构主义风格，采用了具有视觉冲击力的多个凸出楼面、墙面的倾斜塔（图 4-69），没有一块墙壁是垂直的，也没有一个建筑体块、空间是规整的。建筑外观上看似挑战了实验室和麻省理工学院校园建筑的传统，实际上依然是约翰·弗里曼“7 号”研究报告中高效率大学思想的延续。“无尽长廊”在这里演变成“学生街”、异形坡道，通过混合不同部门使用、通透界面等方式尽力打破学科的界限和壁垒，激发无限的创新探索。

图 4-69　斯塔塔中心的建筑外观

2．大脑与认知科学综合体（46号楼）

2005年建成使用的大脑与认知科学综合体位于校园东北区，由世界著名的印度建筑师事务所查尔斯·柯里亚事务所（Charles Correa Associates）和波士顿本地的建筑师古德克兰西（Goody Clancy）合作设计，总建筑面积约3.8万m^2。

这栋跨学科的研究教学设施整合了三个重要部门：脑与认知科学系、麦戈文（McGovern）脑研究所和皮考尔（Picower）学习与记忆研究所，是目前世界上最大的神经科学研究中心。

项目建设在一块充满挑战性的三角形地块上，用地面积紧张且被一条仍在使用的铁路线穿过，用地南边是瓦萨街（Vassar Street），与弗兰克·盖里设计的斯塔塔中心相对，北面是缅因街（Main Street），是校园东北区的主要入口。建筑采用大胆的设计，横跨在穿行的道路之上，并采用特殊技术来隔绝低频的列车行驶噪声的影响（图4-70）。

七层高的建筑内围绕一个五层高的采光中庭（图4-71）布置了一系列干、湿实验室（包含特殊设备，如冷室、热室、高压灭菌器、离心机、核磁共振成像仪等），以及教室、办公室、会议室、图书馆、礼堂和咖啡厅等功能空间，支持生物学、生物化学、神经生物学、行为学、认知科学和计算神经科学的研究。围绕中庭设置的垂直交通与开放露台式共享空间相结合，使得建筑内的各种活动在各个位置都可以被轻松看到，营造了自由活跃的学术氛围。

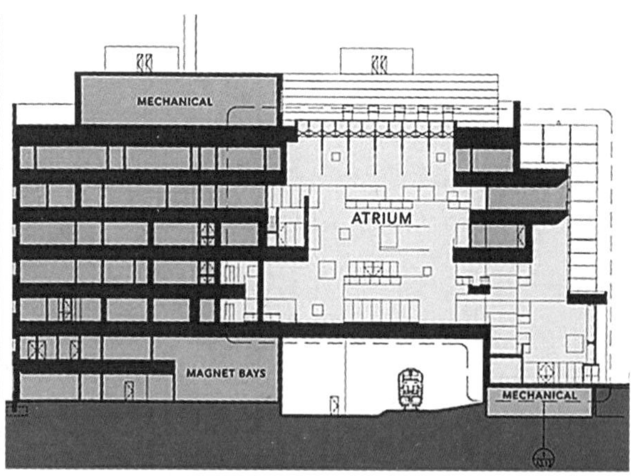

图4-70　铁路穿过建筑的设计

图 4-71　大脑和认知科学综合楼的内部空间

3．媒体实验室综合体（E14 号楼）

媒体实验室是 MIT 乃至世界上最具活力和创新能力的实验室之一。早期媒体实验室与视觉艺术系共享位于校园东区的威斯纳大楼（E15 号楼），由杰出校友贝聿铭于 1985 年设计建成。

2009 年，作为媒体实验室扩建部分的 E14 号楼正式建成。扩建的媒体实验室由日本建筑师桢文彦设计，拥有约 1.5 万 m^2 的实验室、办公室和会议空间，与原有的威斯纳大楼实现巧妙的连接，成为一个可以容纳跨学科知识群体的媒体实验室综合体，包括艺术办公室、艺术委员会、视觉艺术中心、SA+P 的设计实验室和高级视觉研究中心、建筑系的视觉艺术项目，以及麻省理工学院的比较媒体研究项目等 [33]。

扩建的媒体实验室采用开放、灵活的工作室风格的布局，

图 4-72　媒体实验室综合体透明的建筑立面

旨在支持媒体实验室和其他学术单位的跨学科合作与交流。在透明的建筑表皮内（图 4-72），灵活的研究空间围绕着高耸的中庭被组织起来，不同实验室在垂直方向相互错位，以允许一个实验室的底层与相邻实验室的上层重叠，结合四周透明的隔墙，促进了彼此间视线交流的最大化（图 4-73）。展览、表演和社交聚会空间也围绕中庭进行布置，为公众提供更多参与媒体实验室活动和研究的机会。媒体实验室前主任弗兰克・莫斯（Frank Moss）描述新建筑道“这里有一种奇异的透明度。你在楼里的任何一个位置，都能轻易看到每个角落的人在做什么……楼房的设计本身已经向我们道明了媒体实验室的工作方式：不同领域、不同学科和不同研究范畴之间的界限是不存在的”。此外，媒体实验室还采用严格的模块化设计，保证最大的灵活性，允许在不进行大规模重建的情况下重新组织空间[34]。实验室的顶层是可以俯瞰查尔斯河和波士顿天际线的共享空间，可以进行社交活动、展览、演讲和会议，将公共集会空间安排在顶层的方式，有效地实现吸引人流穿过整个建筑，增加彼此了解的目的[35]。

图 4-73　媒体实验室内部的透明分隔

第5章

创新环境的校园空间特质：互联互通的科研空间网络

麻省理工学院作为世界领先的研究型大学，自 1861 年建校以来，一百六十多年的时间里持续保持着卓越的创造力，产出了令人瞩目的创新性研究成果，这与其在有限条件下逐渐形成的紧凑独特的校园空间环境密切相关。

回顾建校初期，有限的土地与捐款，使得 MIT 的第一栋建筑——罗杰斯大楼到第二栋建筑——沃克大楼落成前，在将近 20 年的时间里承担了学校全部学科、实验室及行政部门的教学科研工作，不同学科的师生们一直在同一栋建筑中工作和学习。到了 19 世纪末 20 世纪初，仅有的几处分散于科普利广场附近的校园建筑既为师生使用带来诸多不便，也让大家越发意识到集中且相互联系的校园建筑与空间的重要价值。

决定搬迁新校区后，综合考虑与波士顿交通联系的便捷性以及土地购买成本等因素，查尔斯河边仅 46 英亩（约含 18.6 万 m^2）的剑桥用地成为首选，但这块用地相比当时其他许多美国院校的校园用地都要小得多，MIT 需要非常谨慎地规划建设新校园，以便能最大限度地节约土地面积，最终建成的新校园也是采用了一栋规模庞大的主楼建筑承担所有学科的使用需求。

可以说，无论是波士顿时期的第一栋教学楼还是剑桥新校区的有限用地，MIT 一直没有条件为各个学院单独建设独立的建筑，搬迁剑桥后，MIT 的科研建筑建设也是在主楼的基础上逐渐扩展、不断完善，最终形成了今天十分密集、紧凑的主校区科研建筑群，其容积率高达 2.6，建筑密度已超过 42%，远远高于世界上大部分的大学校园。但这也逐渐形成了其有别于大部分高校的校园空间特点——互联互通的科研空间网络，这正是 MIT 校园环境孕育出大量合作与创新的最重要空间特质。互联互通的科研空间网络延续了创始人罗杰斯为实现“手脑并用”的办学理念而提出的“邻近空间”，以及不同院系部门被置于一个连续的屋檐下的传统，使得知识与信息可以很容易地从一个学科传递到另一个学科，通过空间的联系最大限度地打破了不同学科之间的界限，极大地加强了各院系部门之间的跨学科交流合作与创新。

5.1　互联互通的科研空间网络理念演进

5.1.1　建校早期：创始人罗杰斯的“邻近空间”理念

麻省理工学院创始人威廉·巴顿·罗杰斯早期在马里兰学院、威廉玛丽学院与弗吉尼亚大学的教育实践使他明确了自己对科学、技术与高等教育的终生兴趣，以及强调科学理论与技术实践相融合的教育哲学。当时很少有传统的教育机构为学生提供定期或直接接触实验室的机会，因此，罗杰斯提出要创办“一所以科学的广度和深度以及实验室教学为目标的机构”[14]，希望以此培养具有产业追求的科学家与工程师[72]，以服务于当时正在兴起的美国工业革命的技术需求[81]。“手脑并用，创造世界”的校训深刻地体现了罗杰斯期望融合科学与技术的办学目标。

为此，提供可以整合教育与研究、便于进行实验室教学的物理空间环境是实现办学理念的关键[81]。“麻省理工学院最初校园建筑的邻近空间（Contiguous Spaces）理念正是罗杰斯促进动手合作（hands-on collaboration）的愿景体现”[73]。麻省理工学院 1893 年发表的《基础、特征与设备的简要介绍》（*a Brief Account of its Foundation*，*Character*，*and Equipment*），记载（见其《实验室》章节）学院最显著的一个特征是在课程中嵌入大量的实验室工作，通过动手实操训练和强化学生在教室、演讲室、绘图室学到的理论知识。实验室的设计是依据课程设置的，并提供一定设施设备来辅助学生日常练习与研究论文的数据收集工作[82]。从罗杰斯大楼的建筑平面布置（图 5-1）也可以看出，每一层都设置了教学空间与实验室空间，且二者都是相互邻近布置的空间原则。“邻近空间”高效率地整合了教学与实验、理论与实践，是麻省理工学院“手脑并用”办学目标在校园建筑空间上的最佳诠释。可以说，“邻近空间”的理念奠定了未来 MIT 校园集中高效的规划理念基础，是促进跨学科合作创新的早期校园空间形态的雏形。

随着麻省理工学院的不断发展，师生人数急剧增加，罗杰斯大楼已然无法容纳全部教学活动，校园建筑也在不断扩张，

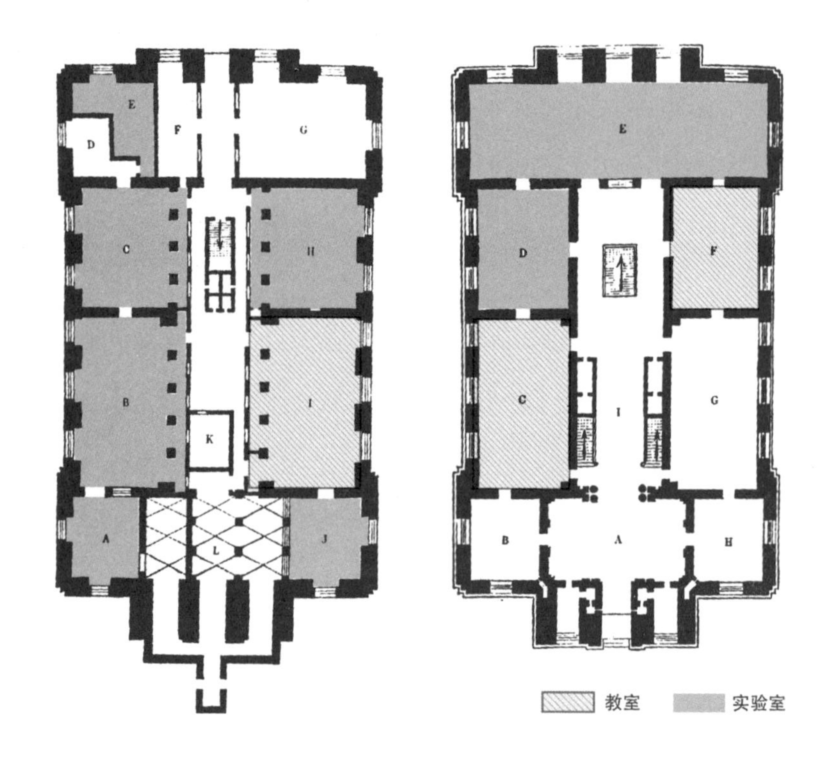

图 5-1　罗杰斯大楼地下室（左）与首层平面（右）的教室与实验室分布情况

逐渐形成的分散的校园空间布局给师生使用带来不便，显然也与创始人罗杰斯提出的“邻近空间”理念相悖，并愈发让学院的师生意识到集中布局的重要意义，这些都为剑桥新校区强调集中布局的规划理念奠定了基础。

5.1.2　剑桥新校区方案：奠定了“集中高效”的规划布局原则

面对波士顿校园的发展困境，麻省理工学院不得不将迁址提上日程，并于 1912 年购得位于剑桥查尔斯河边的 46 英亩（约合 18.6 万 m^2）用地，时任校长麦克劳林邀请了校友约翰·弗里曼为新校区的规划建设制订方案。

作为当时国际顶尖的土木工程师，弗里曼从科学和工程实践的角度来对待新校区的校园规划设计工作。弗里曼认为现代化工厂建筑中对高效率与经济性的诉求是最值得借鉴的，因此他广泛调研了欧洲很多集中式布局的大学校园，如由理查德·卢卡（Richard Lucae）1877 年设计的柏林皇家技术学院（今柏林工业大学主楼，图 5-2、图 5-3），除化学系外的其他

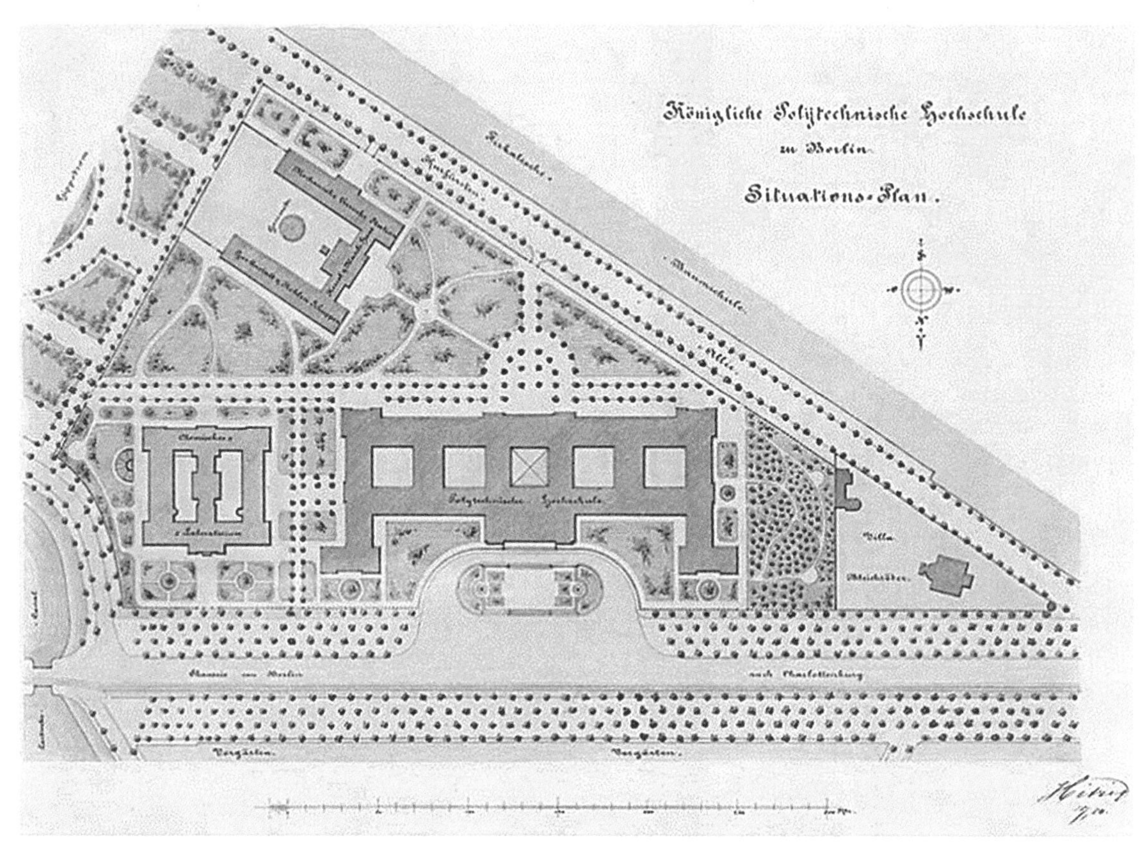

图 5-2　德国柏林工业大学总平面图

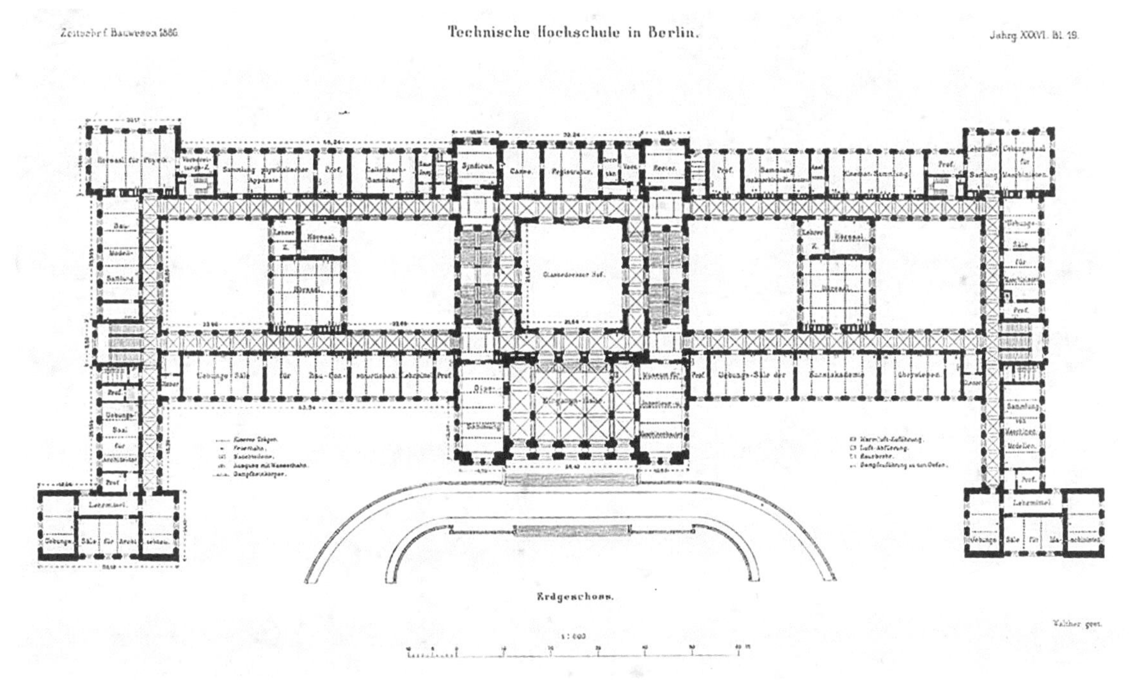

图 5-3　德国柏林工业大学首层平面图

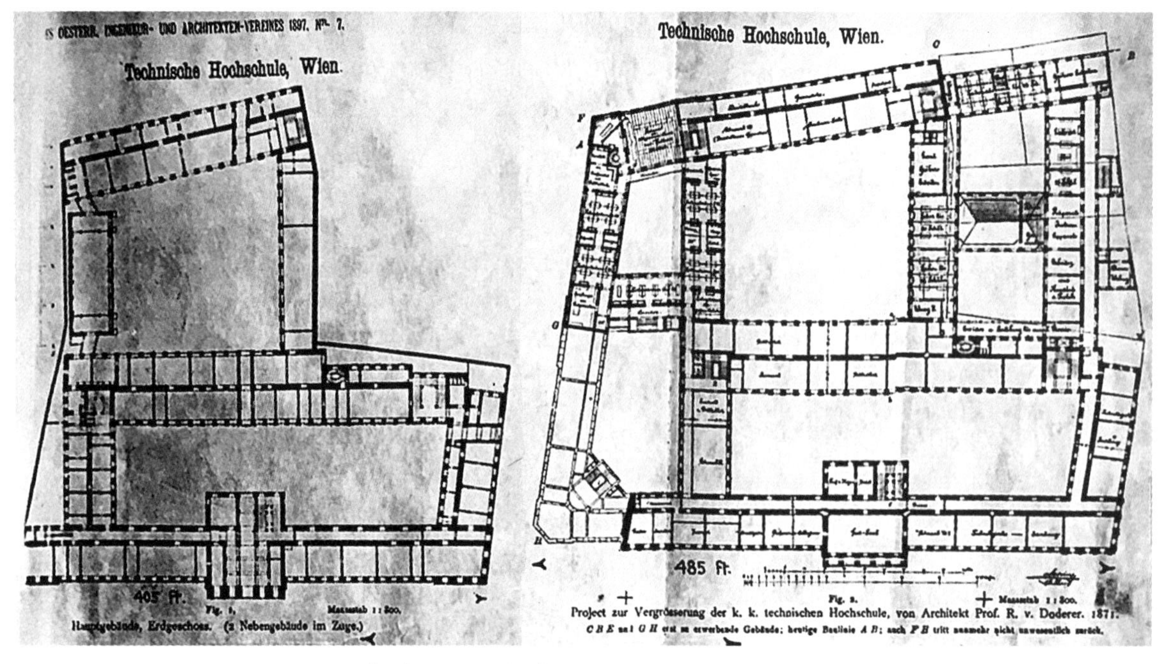

图 5-4　维也纳工业大学 1871 年改造前（左）与改造后（右）平面图

学科都被布置在三层高的主楼中[74]，以及 1871 年由多德（R. v. Doderer）负责改造的维也纳工业大学主楼（图 5-4），随着办学规模的扩张，选择继续在原有建筑基础上进行扩建，以保证集中式的布局。这些欧洲的大学校园给了弗里曼很多启发。同时，弗里曼还受到泰勒主义①的影响，提倡科学的组织管理[17]以提高效率，最终在“7 号”研究报告中提出了新校区最重要的“集中高效”的规划布局原则。弗里曼的新校园设计将整个学院置于一个单一的、巨大的结构中，非常类似于现代工厂的布局，各学科、各专业间没有明确的分隔。他认为这种集中式布局在经济性、效率和部门间合作的可能性方面都有其更大的优势，而设计中采用的框架式结构、柱间整层玻璃开窗与加大层高等设计也避免了集中式布局在采光方面的劣势[17]。虽然剑桥校园的规划方案最后是由古典主义建筑师博斯沃思完成的，但是建成方案显然借鉴吸收了弗里曼基于泰勒主义提出

① 泰勒主义是当时美国工业的核心原则之一，提倡科学的组织管理，而不是分散的生产方式。“效率、管理和科学”是泰勒主义的关键词。

的“集中高效”布局原则，关注不同院系之间合作的规划理念也由此开始。在日后的校园发展建设中，这种空间布局特点得以不断地延续与强化。

5.1.3　第二个百年：逐步确立“物理联系”与“连通性”原则

1. 建立科研建筑之间“物理联系”原则

二战结束后，麻省理工学院的办学规模激增，为了不出现超负荷的情况，必须开始重新审视和思考麻省理工学院的教育政策。1949 年，教育调查委员会在《员工环境委员会报告》中明确提出了高效与创新的主要目标。报告建议通过创造共享空间来促进师生之间的交流合作，从而促进跨学科创新。可以说，刘易斯委员会提出的“高效与创新”目标是对以往校园规划理念的继承与发展。“高效”是延续以往的理念，而“创新”是新提出的校园规划目标。创造师生之间、不同学科之间的共享空间被作为实现创新的设计举措被正式提出，该报告也成为后来 MIT 校园规划建设的重要指导文件。

为迎接麻省理工学院进入第二个百年的规划建设挑战，1958 年校园规划办公室应运而生。罗伯特・西姆哈于 1960～2000 年任规划办公室主任，他在《麻省理工学院校园规划 1960—2000》一书中将这一时期指导麻省理工学院校园规划建设的重要原则总结为“物理联系”（Physical Connectivity），他认为校园空间环境的物理联系为不同知识的碰撞提供了可能，是激发和孕育 MIT 跨学科合作创新的重要空间策略。建立科研建筑之间的“物理联系”成为这一校园规划建设快速发展时期的重要指导原则。

2.“连通性”作为专章写入校园 21 世纪发展框架

1999 年，为支持麻省理工学院进入 21 世纪而编制的《MIT 校园发展框架：原则、建议和战略举措》，再次明确和重申了校园规划的使命与目标，即创造一个多样的混合使用的环境，通过利用多层次空间网络来实现邻近性，促进不同学科交流与合作。

Connectivity, Community Life and the Commons

Connectivity and the Infinite Corridor

The idea of connectivity is a powerful constant that has guided the Institute's evolution since its conception by William Barton Rogers. A simple concept, connectivity has found an identity in the Infinite Corridor and unique expression in the physical development of the campus as a series of interconnected, intellectually integrated buildings.

Mystifying to the uninitiated, the Infinite Corridor is a mostly interior system of hallways and vertical linkages that connect students, faculty and staff along a continuum of programs, disciplines and common spaces through various separate but connected buildings. In a society that communicates in the language of science and mathematics, this is the XYZ matrix of access and exchange. Mastering the Infinite Corridor and its many secret connections is truly a rite of passage for all who live and work at MIT.

Killian Court

The Dot

Growing through shared experiences is a basic tenet of teaching at MIT, one that transcends the classroom and extends into community life. MIT defines the learned person as rational, knowledgeable and wise. Reason and knowledge can be acquired through teaching and research, but wisdom develops in the context of the values and beliefs of the community.

While teaching and research occur in classrooms and labs, the needs and parameters for which are easily identified, the program requirements for informal learning and productive community interaction have not always been clearly articulated. The Task Force for Student Life and Learning formulated, for the first time, an agenda to support community at MIT, and identified the physical and programmatic aspects of campus life – such as performing and visual arts, athletics, dining, the libraries, and places to interact socially – that have demonstrated their effectiveness in bringing together different members of the campus community.

Creating a Shared Identity

Campus life has coalesced around a number of important campus features – the Infinite Corridor, Killian Court and the Dome, Eastman Court, the Dot, Kresge Oval and Auditorium, Baker House, Walker Memorial and others. Then there are "Smoots" – a unit of measurement corresponding to the length, when prone, of Oliver Smoot '62, as calibrated on the Harvard Bridge; and Charm School, concrete canoes, the Big Screw and the hack.

16　**Olin** Partnership　November 2001

图 5-5　“连通性”作为专章写入 21 世纪发展框架

在这份规划文件中，“连通性”理念被作为专门的章节写入校园 21 世纪的发展框架（图 5-5），文件指出学院学术事业的扩张应延续“互联互通的科研网络”的理念，而且强调连通性的不仅是不同学科的科研建筑，还包括校园的公共空间。发展框架强调了“连通性”“物理联系”对麻省理工学院校园规划发展的重要意义，反映了麻省理工学院鼓励创新的办学目标。

3.《2030 规划框架》继续强调“创新与合作”目标

为满足学院未来的学术研究与创新需要，麻省理工学院提出《2030 规划框架》，明确了新时期校园规划建设项目必须遵循的原则，“创新与合作”成为这一框架的四大主题之一，“创建灵活的科学和技术研究空间，以响应创新的学术和合作倡议”是其重要原则。

相比以往的规划内容，《2030 规划框架》重点强调了学院与校园周边创新区域的合作，“连通性”内涵进一步扩展到联系校园与城市，“合作”也开始成为与“创新”并置的关键词，“创新与合作”成为指引未来校园规划发展的重要主题。

总体来说，合作与创新一直是麻省理工学院坚持的办学使命，“互联互通的科研建筑网络”是校园规划建设实现合作创新办学使命的重要手段。从建校初始由创始人罗杰斯提出的促进手脑并用的“邻近空间”，到搬迁至剑桥校园确立的“集中高效”的规划布局，再到第二个百年校园建设逐步确立的“物理联系”与“连通性”原则，校园规划建设的目标始终围绕着促进合作创新的教育理念，通过物理空间的联系不断加强不同学科之间的联系。在这些规划建设原则的指导下，麻省理工学院的校园环境不断发展与完善，逐渐形成了最有利于促进跨学科交流合作与创新的校园空间环境。

5.2　互联互通科研空间网络的构建

5.2.1　校园尺度的科研空间互联

麻省理工学院的学术建筑主要分布在位于马萨诸塞大道右侧的校园中心区（图 5-6），建筑布局十分紧凑，且几乎所有

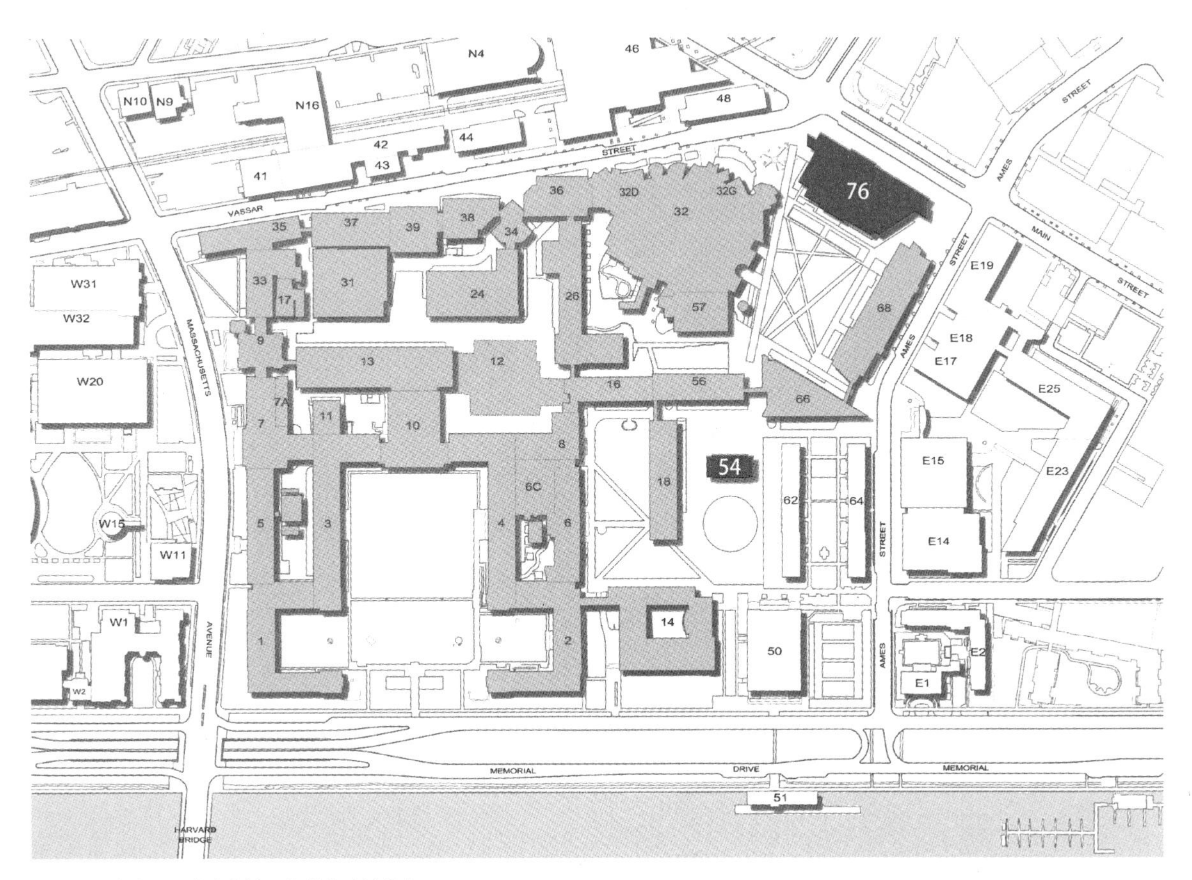

图 5-6　麻省理工学院主校区的学术建筑分布

的建筑都连为一体，形成体量庞大、互联互通的科研空间网络。即使是在总平面上未显示相连的 54 号楼和 76 号楼，也通过地下室实现了空间上的联系。

从校园中心区学术科研建筑的建成年份与建设位置（表 5-1）可以看出，麻省理工学院自 1916 年主楼建设奠定的整合布局起，其科研建筑的扩张一直都遵循与既有建筑保持密切空间联系的原则，整体呈现由南至北、自西向东的渐进扩张趋势。进一步分析科研建筑物理空间联系情况并计算其连接度指标大小与分布（图 5-7），可以看出 MIT 科研建筑网络的平

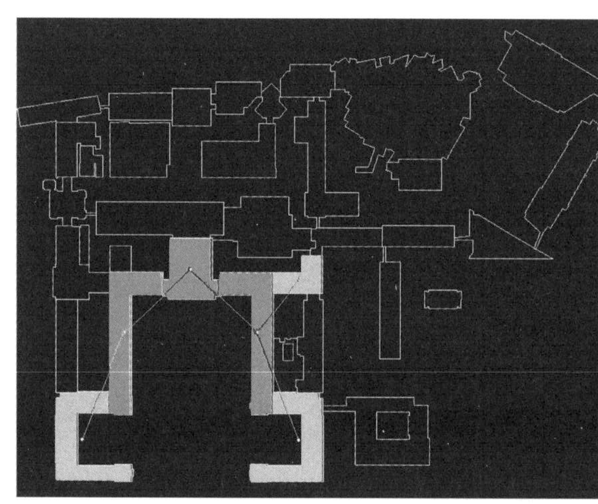

1916 年

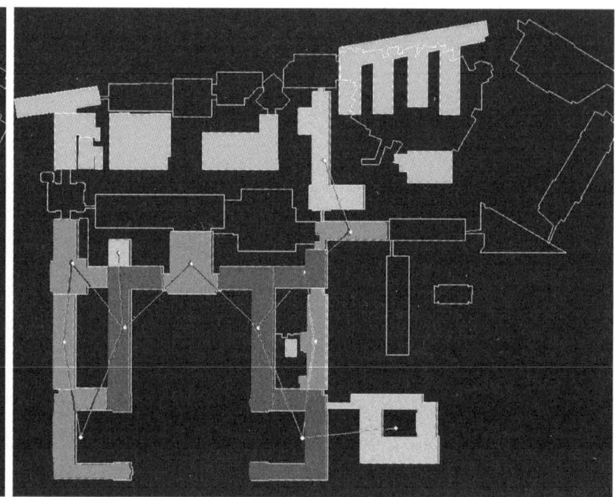

1960 年

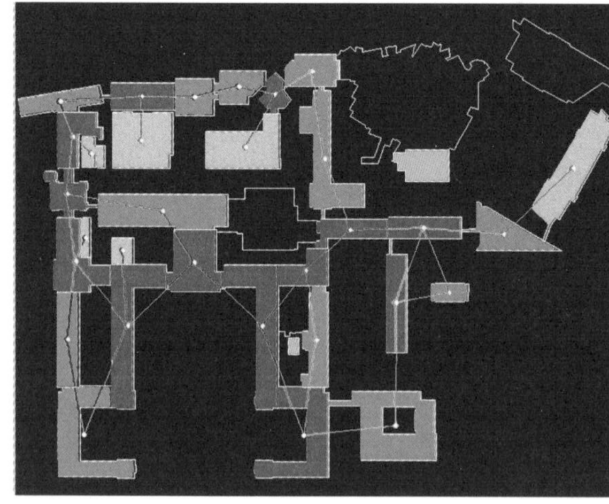

2000 年

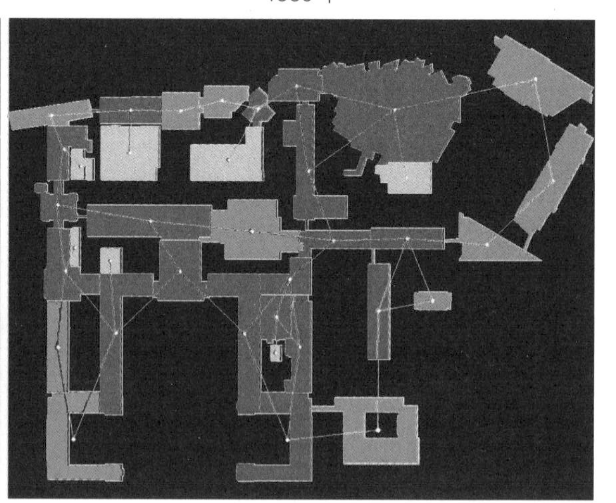

2022 年

图 5-7　主校区科研建筑物理空间联系拓扑分析图

注：连线代表两建筑存在物理联系，包括连廊、地下通道等室内联系。基于该拓扑分析图计算各科研建筑的连接度（计算与之有直接联系，即拓扑距离为 1 的科研建筑数量），某一时期的平均连接度为该时期所有科研建筑连接度的平均值。

主校区学术科研建筑建成年份表　　表 5-1

时间	总平面示意图（新建 ■，已有 ■）	新增学术建筑
1916 年	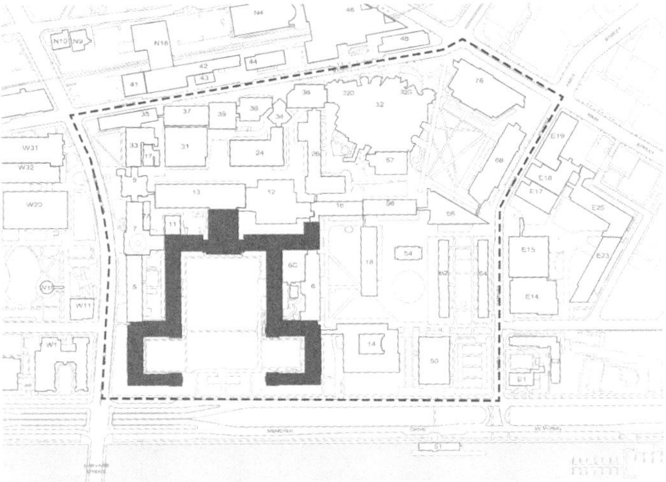	1 号楼、2 号楼、3 号楼、4 号楼、8 号楼、10 号楼（1916） 空间特点：各建筑相互连通，形成一个整体的科研空间网络，实现了所有学科在一个屋顶之下的规划愿景
1917 ~ 1960 年	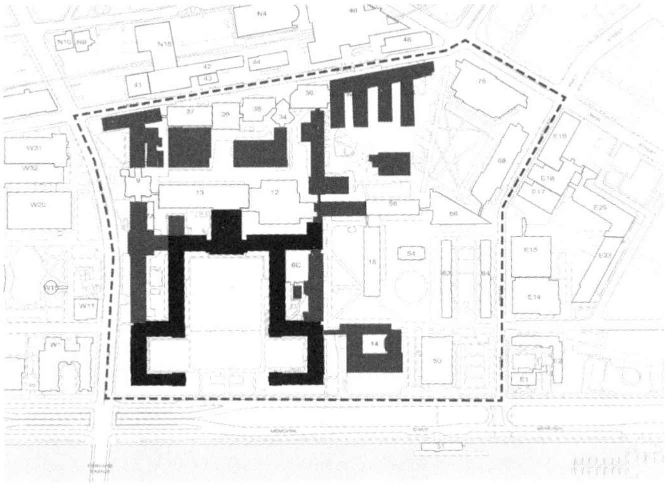	5 号楼（1924），11 号楼、33 号楼、31 号楼（1928），6 号楼（1933），7 号楼（1937），17 号楼（1938），57 号楼（1940），24 号楼（1941），20 号楼（1943 年建成，1998 年拆除），14 号楼（1951），35 号楼（1952），16 号楼（1956），26 号楼（1957） 空间特点：在建成主楼的基础上继续扩建，北区未直接相连的建筑是作为临时实验室建设的，改造后也与主体科研建筑连通
1961 ~ 2000 年	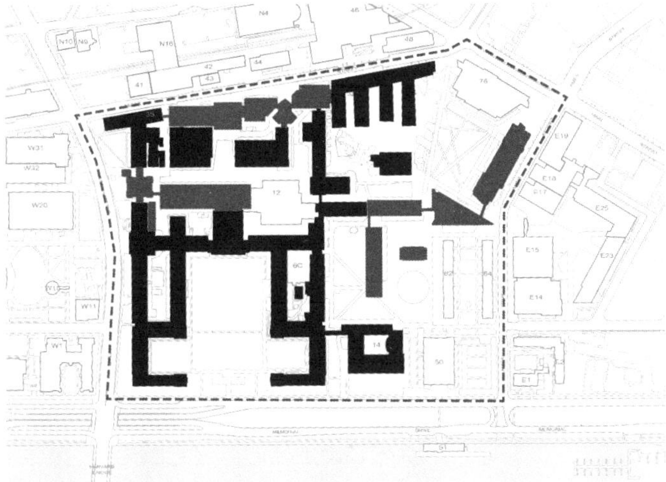	13 号楼、56 号楼（1963），54 号楼（1964），9 号楼、37 号楼、39 号楼（1966），18 号楼（1969），36 号楼、38 号楼（1971），66 号楼（1973），34 号楼（1981），7A 号楼（1990），68 号楼（1994），20 号楼（1943 年建成，1998 年拆除） 空间特点：在优化原有主体科研空间网络的同时，继续向北、向东扩建

续表

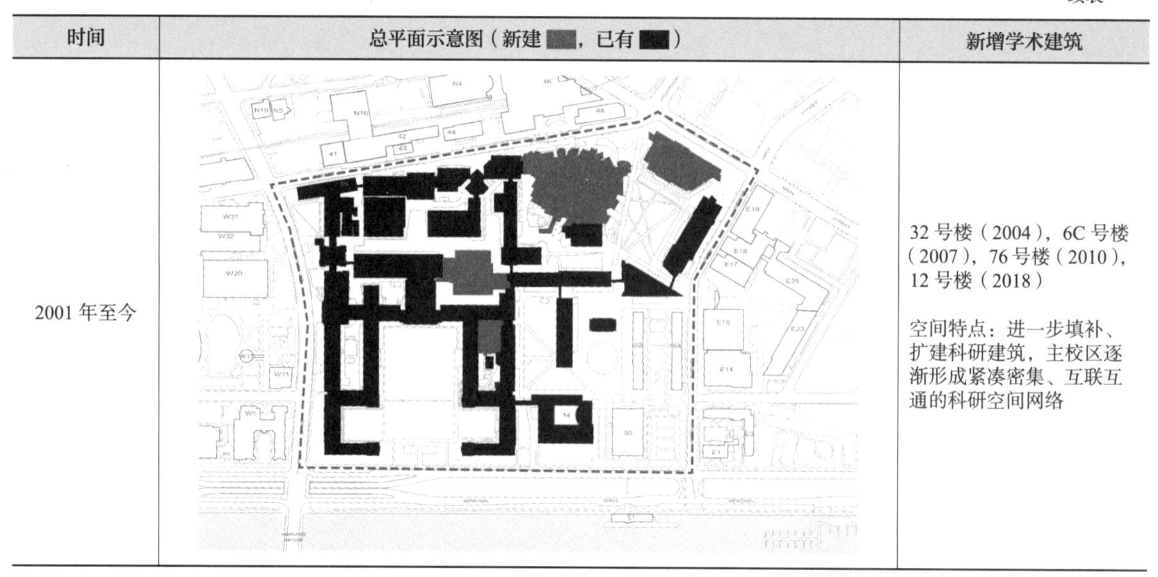

时间	总平面示意图（新建 ■，已有 ■）	新增学术建筑
2001 年至今		32 号楼（2004），6C 号楼（2007），76 号楼（2010），12 号楼（2018） 空间特点：进一步填补、扩建科研建筑，主校区逐渐形成紧凑密集、互联互通的科研空间网络

注：红色建筑为标注期间新增的建筑，黑色则为标注期间已建成的建筑。该图不包含期间临时搭建后拆除的建筑。

均联系强度逐渐增强，2022 年的平均连接度比 1916 年提升约 49%（其中 1960 年有所下降是受北区战时临时建筑的影响），联系强度较高的科研建筑占比也明显提高，其中连接度大于等于 3 的建筑从 1916 年的 16.67% 上升至 2022 年的 51.36%（表 5–2、表 5–3）。整个发展建设过程中，新增科研建筑通过在原有建筑网络的基础上往外延伸，或者作为新增的物理联系填充于已有建筑网络之中等方式，不断强化科研空间网络的连通性。

1．建立学科联系的选址布局（图 5–8）

麻省理工学院的学术建筑项目自选址布局开始就对如何与既有的科研建筑建立联系进行充分的考量。比如同一学科的建筑扩建，会优先与原学科建筑建立直接的联系。56 号楼就是

基于方差检验的各时期连接度平均值对比结果　　表 5–2

	年份（平均值 ± 标准差）				F	p
	1916（n=6）	1960（n=21）	2000（n=33）	2022（n=37）		
连接度	1.67 ± 0.82	1.52 ± 1.17	2.18 ± 1.04	2.49 ± 0.99	4.245	0.007**

注：$*p < 0.05$，$**p < 0.01$。

各时期不同连接度值的科研建筑占比分析　　表 5-3

年份	连接度 =0	连接度 =1	连接度 =2	连接度 =3	连接度 =4
2022	0	18.92%	29.73%	35.14%	16.22%
2000	6.06%	18.18%	36.35%	30.30%	9.09%
1960	23.81%	23.81%	33.33%	14.29%	4.76%
1916	0	50.00%	33.33%	16.67%	0

这样的例子。生命科学系（Life Sciences）原址位于 16 号楼，56 号楼是为生命科学系扩建实验室而建，其选址与设计优先考虑的是与 16 号楼进行直接联系（图 5-9）。在设计阶段，关于新楼层数的问题曾进行过激烈的讨论，作为设计师的贝聿铭从所在区域规划的角度考虑建议五层，以与 54 号楼形成更强烈的视觉对比，然而，生命科学系则坚持应该延续 16 号楼的八层，这样新旧两栋建筑在每一层楼都可以实现水平连通，进而提高科研工作效率。生命科学系对水平连续性的坚持决定了 56 号楼的最终高度。

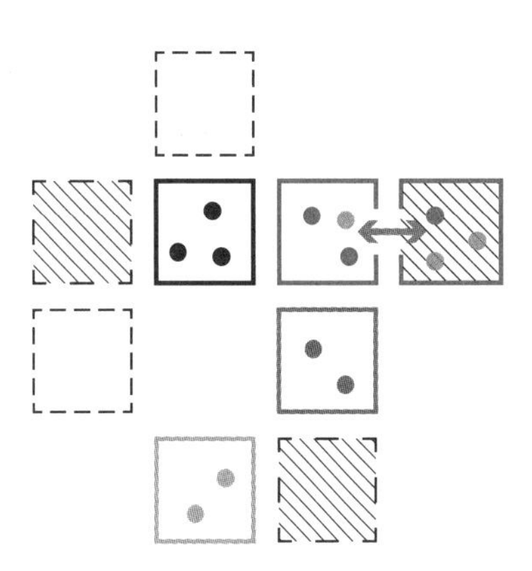

图 5-8　建立学科联系的选址布局

如果新建建筑未能与学科已有建筑建立直接的联系，也会尽量通过其他建筑来建立间接的物理空间联系。原化学系位于 2 号楼和 4 号楼，与物理系共用 6 号楼的实验室，1960 年左右，因实验设施老化、实验空间不足等问题，化学系亟

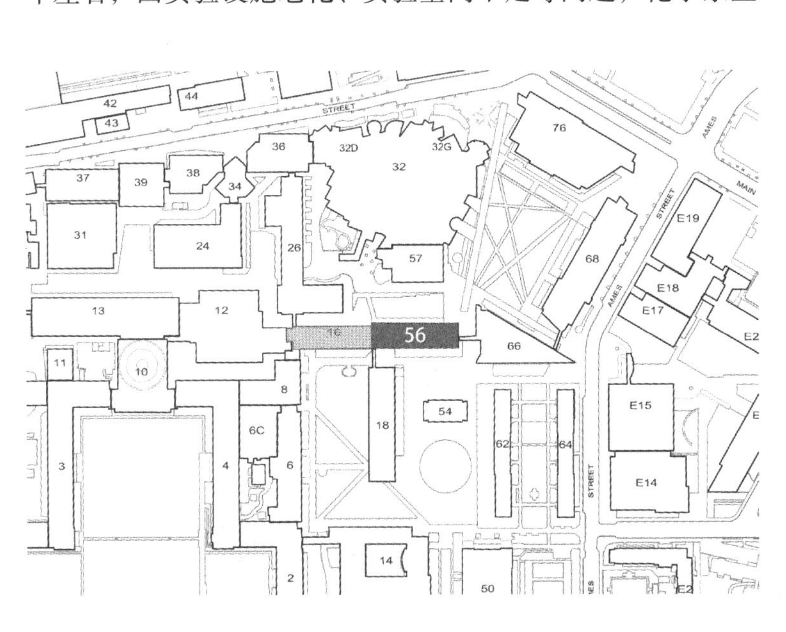

图 5-9　56 号楼的总平面位置示意图

须扩建。根据博斯沃思当年对伊斯曼庭院（Eastman court）的规划，新建的建筑应平行于6号楼。为了保证与原有科研建筑网络的紧密联系，新扩建的化学系实验室建筑18号楼（图5-10、图5-11）在平行于6号楼的同时往北偏移，并与56号楼通过三、四、五层走廊建立直接的物理空间联系，与原有承载化学系活动的2号、4号、6号楼则通过地面的连续路径建立了交通联系。除此之外，18号楼还通过地下通道与查尔斯·海登纪念图书馆（14号楼）和地球科学大楼（54号楼）相连，实现最大限度地融入互联互通的科研空间网络中。

除了与原学科建筑建立联系，学科新建大楼也往往会

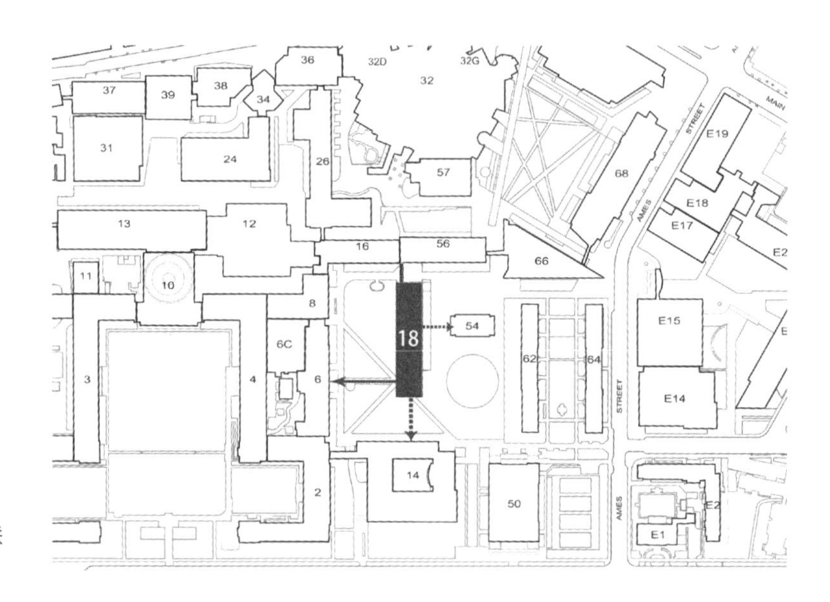

图5-10　18号楼与周围建筑建立物理联系的示意图

图5-11　从东南角看18号楼

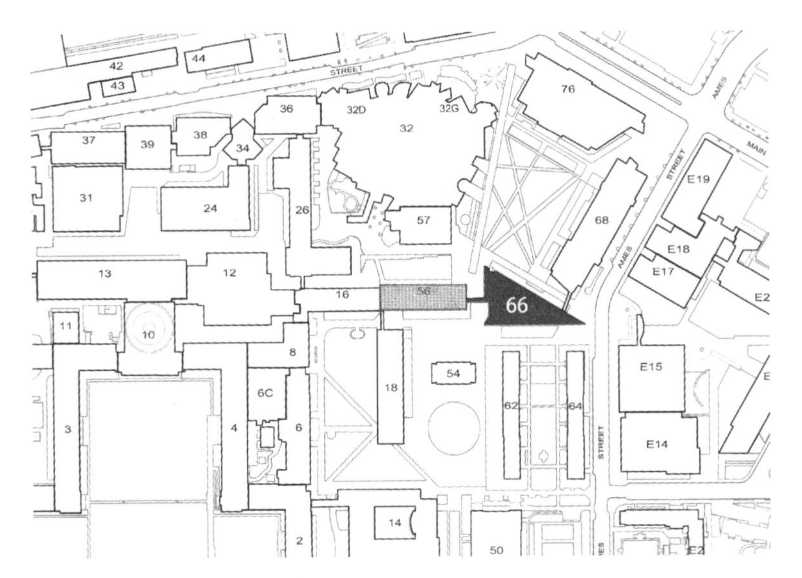

图 5-12　66 号楼的总平面示意图

图 5-13　从北侧看 66 号楼与 56 号楼的联系

在选址布局时考虑与潜在合作学科在空间上的联系，从而创造更多跨学科合作交流的机会，比如 66 号楼的选址（图 5-12、图 5-13）。当时化学工程系（Chemical Engineering Department）亟须扩大规模来容纳学生和教师人数的增加。在新建筑选址阶段，规划办公室提供了三个备选用地，化学工程系的时任院长杰罗姆·威斯纳①强烈倾向于紧邻 56 号楼（生命科学系）的地块，因为他认为化学工程系未来可能与生命科学、化学和医学科学领域有更多学术联系。在关于选址的讨论会上，有人对不同学院是否应该保持紧密联系质疑，威斯纳给出了肯定的答复，他表示学术活动的进一步混合是有益的（a finer mix of academic activities would be beneficial）[29]。

12 号楼（纳米实验室）的选址也是考虑了与各学科的紧密联系（图 5-14、图 5-15）。纳米实验室于 2018 年由波士顿的威尔逊建筑事务所（Wilson Architects）设计建成，三层楼的建筑容纳了洁净室空间、仪器空间、化学实验室、原型实验室以及独特的虚拟现实和可视化沉浸实验室。在建设 12 号楼之前，麻省理工学院的新兴技术（Emerging Technology）教授

① 杰罗姆·威斯纳（Jerome B. Wiesner）是 MIT 的重要人物，于 1971 ~ 1980 年任 MIT 校长，后于 1985 年与尼古拉斯·尼葛洛庞帝（Nicholas Negroponte）一起创办 MIT 媒体实验室，倡导学科交叉。

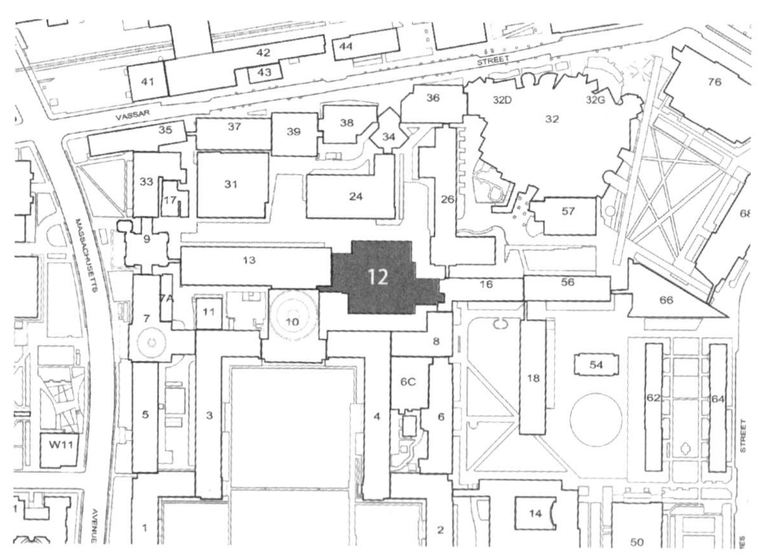

图 5-14　纳米实验室的总平位置示意图

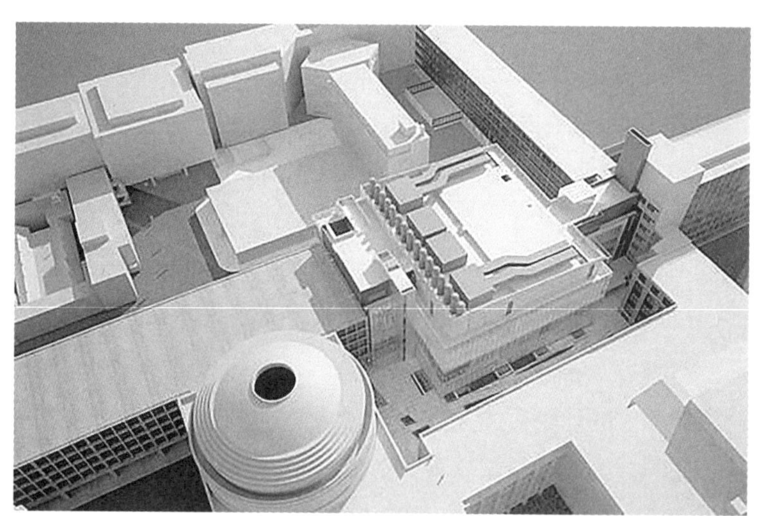

图 5-15　纳米实验室紧邻主楼穹顶并与周围建筑紧密相连

法里博尔兹·马希耶（Fariborz Maseeh）认为："这座建筑需要位于中心位置，因为纳米尺度的研究现在是许多学科的中心。[75]"因此，为了与各学科联系方便，纳米实验室紧邻本已十分密集的主楼中心，可以从"无尽长廊"方便进入，物理联系的便利使新建成的纳米实验室距离众多学科只有几步之遥，提高了这些学科潜在合作的可能性。

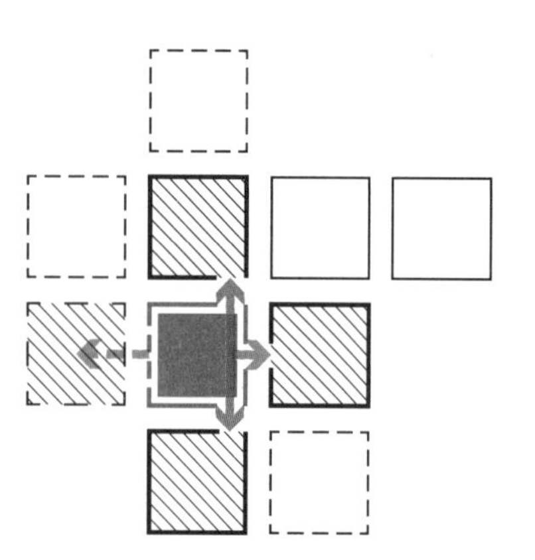

图 5-16　优化既有联系，预留未来联系

2. 优化既有联系，预留未来联系（图 5-16）

麻省理工学院在规划新建建筑时，一方面考虑学科分布的关系，另一方面也希望通过新建建筑进一步优化科研空间网络的既有联系，比如 9 号楼（图 5-17 ~ 图 5-19）。自 1938

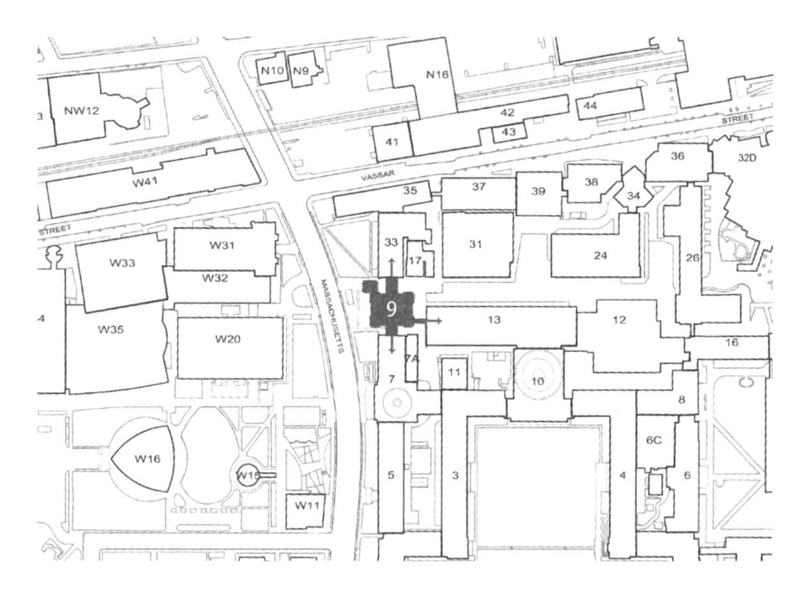

图 5-17　9 号楼的总平面示意图

图 5-18　9 号楼的沿街立面

年 7 号楼完工以来，MIT 就在等待一个机会填补 7 号楼和 33 号楼之间的空地 [29]。期间数次有新建建筑需求时都考虑过这一用地，但是因为场地大小以及多个方向的联系需求限制，导致无法满足一些学科的面积需求而被迫放弃。在 9 号楼建成之前，这块空地一直被作为停车场和校园的服务区入口。关于如何开发这块场地的规划早已制定，包括新建建筑必须延续博斯沃思的规划，即保持马萨诸塞大道沿线建筑的规模和特点；为从马萨诸塞大道进入校园的紧急车辆提供通道；并在所有非街道楼层，为相邻的 7 号、33 号和 13 号楼提供直接和无障碍的连接等。所以，9 号楼在新建之前就被作为优化既有联

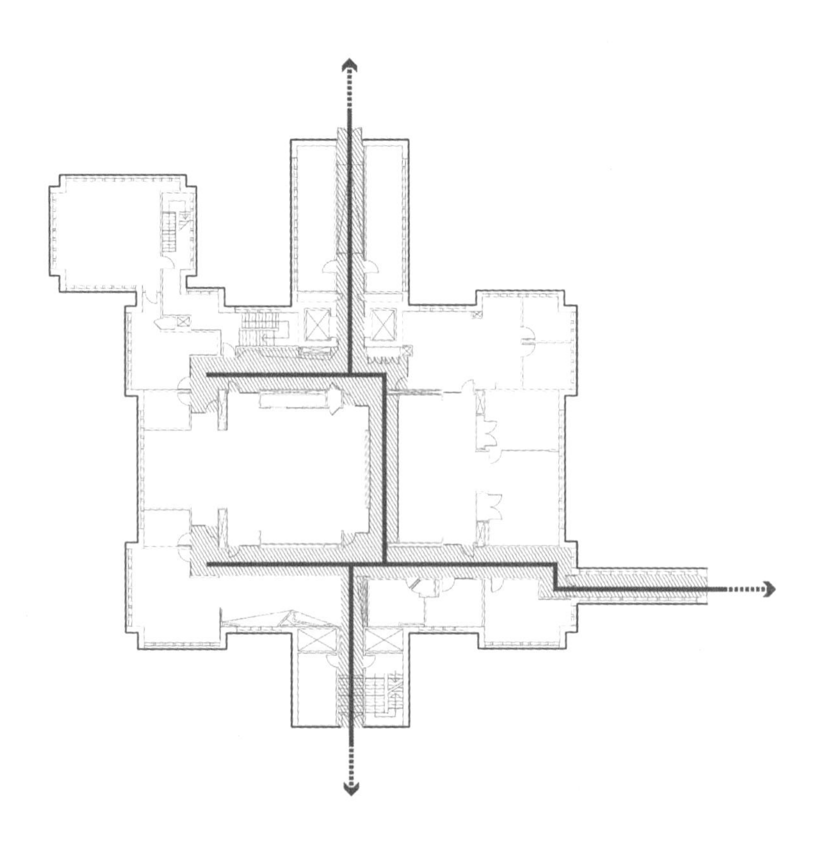

图 5-19　9 号楼与其他建筑交通联系示意图

系的重要节点，只是一直没有适合的新建学术建筑的契机。一直到 1962 年新建高级工程研究中心（Center for Advanced Engineering Study，CAES）需求的出现，9 号楼落地的契机才真正到来。经过规划办公室评估，场地的适用性得以确认。设计方案由 SOM 提供。这是一个复杂的设计任务，需要兼顾适应新的科研功能需求，并成为三座重要科研建筑之间的关键纽带，为校园与城市干道提供联系的出入口，等等。建成的 9 号楼虽然在办公室规模方面受到一定质疑，但是它无疑优化了科研空间网络的既有联系。目前的 9 号楼在 2004 年改造后为建筑规划学院的规划系所使用。改造充分利用 9 号楼的交通联系优势，设置了灵活的开放评图空间，也经常用于教学、讲座、小型展览等功能，有效促进了学术交流与不同学科知识的传播。

类似 9 号楼这种作为新增的物理空间联系、填充于已有的科研网络之中的还有 34 号楼（图 5-20、图 5-21）。34 号楼是作为 36 号楼和 38 号楼的联系和共享部分而新建的。36 号楼

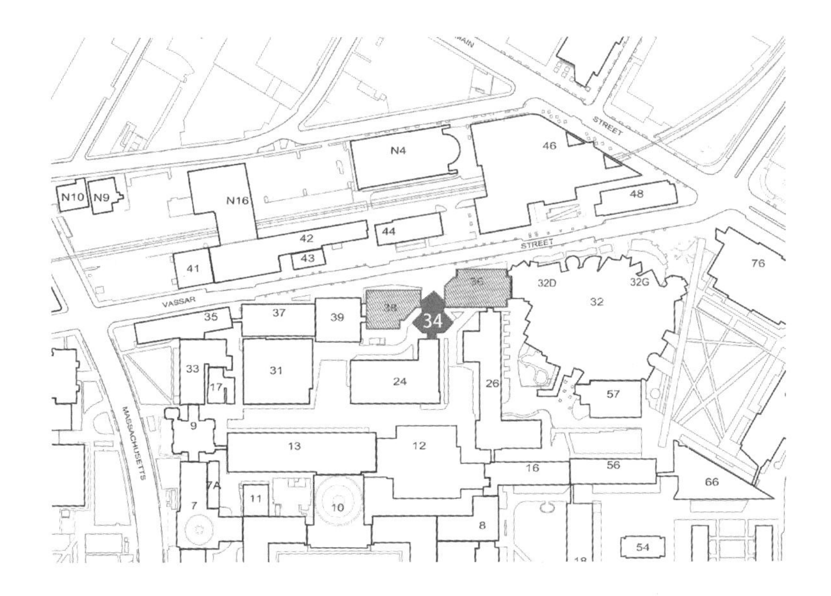

图 5-20　34 号楼的总平面示意图

图 5-21　36 号楼、34 号楼、38 号楼的沿街立面

和 38 号楼隶属于电气工程系，是为整合该系分散在校园各处的教学与研究空间而新建的。在原本的计划中也包含了 34 号楼的共享功能部分（会议中心、礼堂、会议室等），但由于预算紧张，最终只建成了 36 号楼（电子研究实验室）和 38 号楼（电气工程系），满足基本的教学与实验要求。但建成后的 36 号楼和 38 号楼由于缺少直接的联系与共享空间，非正式的交流受到了明显的限制。十年后，在时任系主任杰拉尔德·威尔逊（Gerald D. Wilson）的带领下，优化既有联系的 34 号楼被提上建设日程，SOM 负责设计并于 1983 年建成。34 号楼

的功能包括讲堂、教室和公共房间，建成后大大加强了院系的沟通与交流，实现了电子工程系早在建设 36 号楼和 38 号楼之初的整合物理空间、促进交流的目的。

互联互通科研空间网络的建构除了需要不断优化既有联系以外，预留未来联系也是在新增科研建筑时需要充分考虑的问题。比如 66 号楼在新建时，其北面的大楼还没被麻省理工学院收购（但收购计划在当时已提上日程），东校区也还没开始发展建设，但 66 号楼的设计就已经将未来与北面、东面的空间联系考虑在内（图 5–22、图 5–23）。地形的限制导致了其不规则的三角形平面。为了预留未来与北面大楼及东校

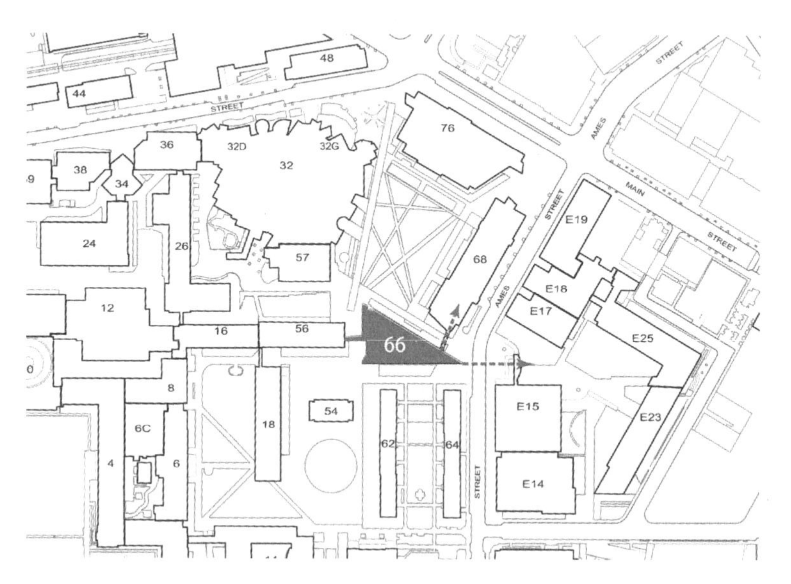

图 5–22　66 号楼的总平面示意图

图 5–23　66 号楼的沿街立面

区的联系，设计师贝聿铭在平面东侧设置了主要的交通空间（图 5–24），两层架空的入口空间，形成了主校区向东侧联系东校区的门户，也实现了未来与肯德尔广场联系的可能。与北侧大楼的联系则在 68 号楼建成后，通过人行天桥连接 66 号楼东侧的交通空间得以实现。

3．优先水平扩展（图 5–25）

在麻省理工学院的科研空间网络的建构过程中，始终坚持优先水平扩展的原则。比如 56 号楼在设计阶段的层数争议，虽然设计师从规划视觉效果考虑降低层数，但因为使用方生命科学系的坚持，最终确定了延续相邻建筑的层数，以最大化新旧建筑的水平联系。此外，MIT 校园内最高的学术科研塔楼建筑 54 号楼的争议也充分说明了麻省理工学院一直坚持科研建筑水平扩展的重要意义。54 号楼是 20 世纪 60 年代由贝聿铭为地球科学系（Earth Sciences）设计的 20 层科研塔楼，是主校区仅有的高层塔楼学术建筑（图 5–26、图 5–27）。然而，54 号楼建成后一直饱受批评，师生们抱怨他们每天乘电梯直接到达各自的楼层，失去了很多了解其他实验室研究进展的机

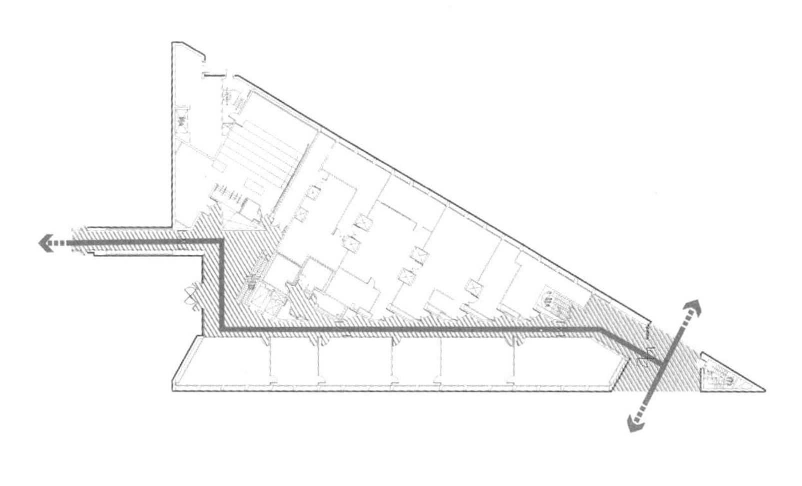

图 5–24　66 号楼的首层平面交通示意图

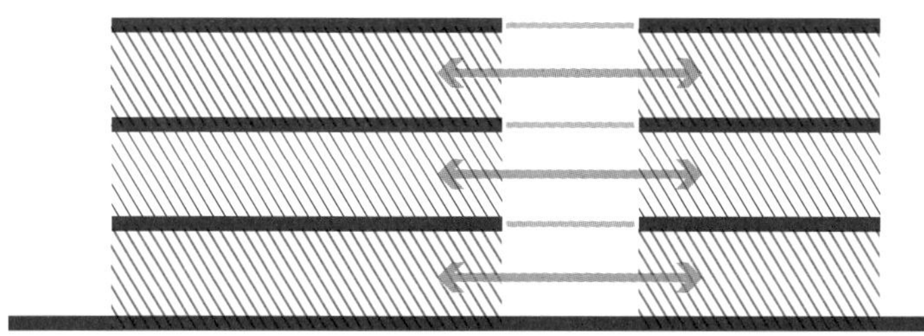

图 5–25　优先水平扩展的策略

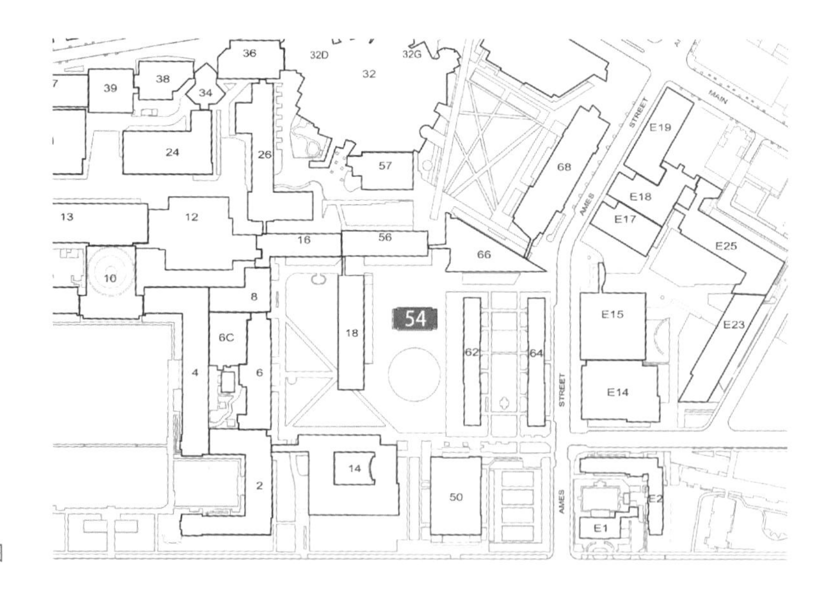

图 5-26　54 号楼的总平面示意图

图 5-27　54 号楼实景图

会[29]。这栋高层科研塔楼改变了 MIT 校园建筑一直强调的水平向生长、相互联系的传统，使得最活跃的步行网络与主要的科研空间相分离。总结失败的教训后，麻省理工学院此后宁可选择牺牲空间品质，在原本拥挤的院落里继续扩建占地更多的多层建筑，也不再选择单独建设高层科研建筑。

4．联系学习与生活的校园轴线

麻省理工学院孕育跨学科合作创新的校园环境建设，也十分注重从校园尺度构建联系学习与生活的校园网络。整合

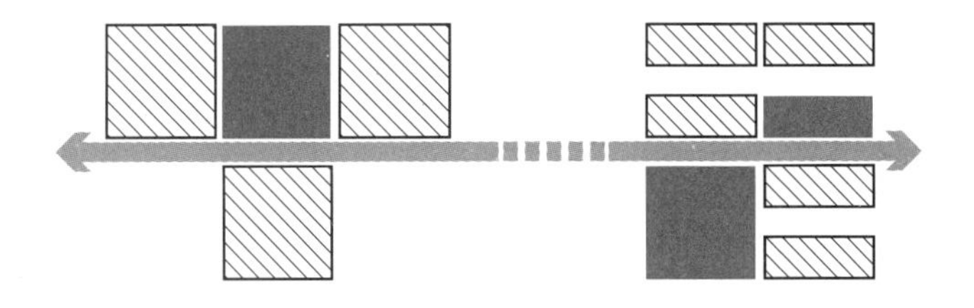

图 5–28　联系学习与生活的校园轴线

学习与生活是麻省理工学院办学价值观的基础[84]。早在 1949 年，刘易斯委员会就提出在校园建设非正式交流空间的重要性，而到 2001 年的《MIT 校园发展框架》则开始对共享空间的“联系”（connectivity）进行审视，并提出了“扩展网络”（expanding the circuitry）的策略。“扩展网络”是指校园未来的规划发展需要在既有校园轴线的基础上扩展，以整合校园更大范围的公共空间，其中最主要的两条主轴是当时校园发展建设形成的既有轴线，即“无尽长廊”（Infinite Corridor）与阿姆斯特轴线（Amherst Axis）（详见第 4 章 4.4.3）。这两条轴线贯穿校园东西，联动建筑内外的流线，将师生的学习与生活串联到一起，形成联系紧密的校园网络（图 5–28）。

5.2.2　建筑尺度的视线互联

1．建立走廊与科研空间的视线联系（图 5–29）

除了将多个学科置于同一栋建筑中之外，结合师生日常上下课、上下班路径，通过透明界面建立主要的交通走廊与科研空间的视线联系，是麻省理工学院在建筑尺度促进学科知识传播的重要举措。

“无尽长廊”是最典型的例子。事实上，最早建成的“无尽长廊”也是冗长、单调且封闭的一条建筑内走廊（图 5–30），一直到 1970 年规划办公室提出改造计划后才有所改变。改造

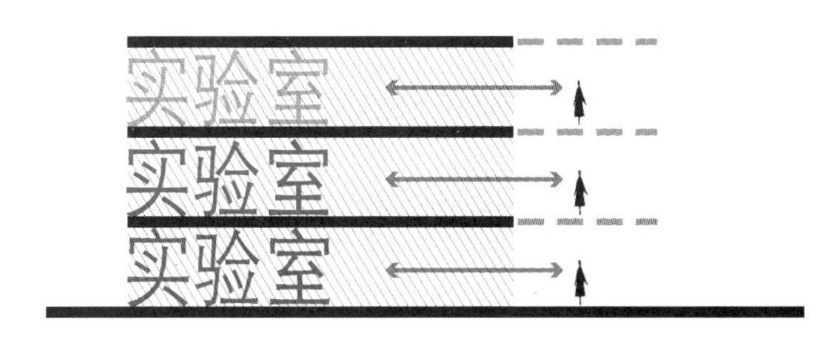

图 5–29　建立走廊与科研空间的视线联系

图 5-30 早期冗长、单调且封闭的“无尽长廊”

图 5-31 1970 年走廊开发项目报告中“无尽长廊”改造效果示意图

计划的目标是使“无尽长廊”成为促进交流与教育的媒介，通过增加便于张贴的广告板、艺术品，以及采用不同色彩和图形的标识系统来改善现有问题[83]（图 5-31）。后来“无尽长廊”与主楼的一些学科空间又经历了多个改造项目，透明的玻璃隔墙开始出现，学术信息的传播也从原来的展示板变成真实的科研实验场景，成功引发了路过师生的兴趣，有效提升了科研信息在不同学科之间的传播效率。

位于“无尽长廊”东端的先进材料实验室（Laboratory for Advanced Materials）是供材料科学与工程系的研究人员进行跨学科合作研究的共享实验室，是由 IKM 建筑事务所（Imai Keller Moore Architects）继纳米机械研究实验室和材料科学与工程系的本科生教学实验室之后于 2010 年改造完成的项目。该实验室展示了材料科学与工程系的创新研究，同时容纳了许多类型的研究项目，包括光和温度敏感光学实验等。在改造方案中，磨砂玻璃窗和落地玻璃墙取代了固定的封闭墙体、软木板和紧闭的门，偶然路过的人透过落地玻璃墙可以看到研究人员和学生正在工作的场景[76]。实验室的内部也重新进行了空间划分，主要的研究实验室紧邻走廊并以玻璃界面进行展示，光学和化学实验室则在内侧以实墙进行视线分隔。该实验室的改造极大地活跃了“无尽走廊”，让路过的学生和潜在捐赠者能够更容易地看到正在进行研究的科学家，学科知识得以更生动地传播[77]（图 5-32）。

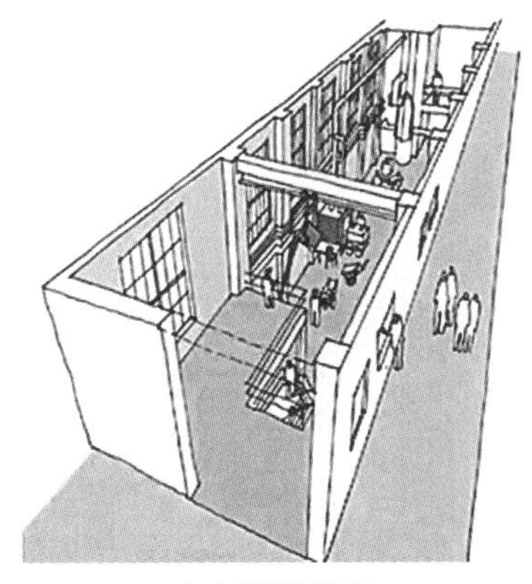

（a）改造前示意图

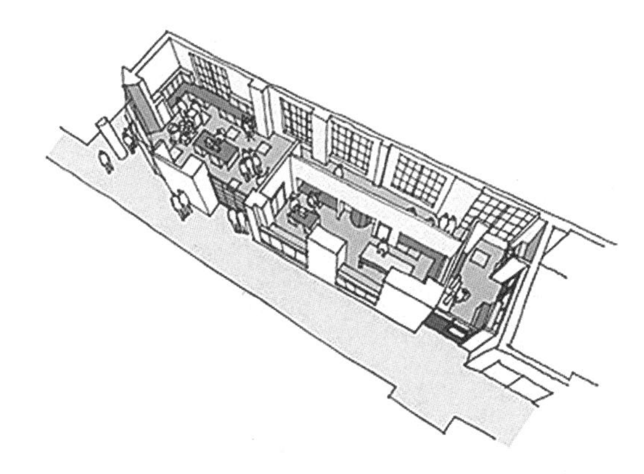

（b）改造后示意图

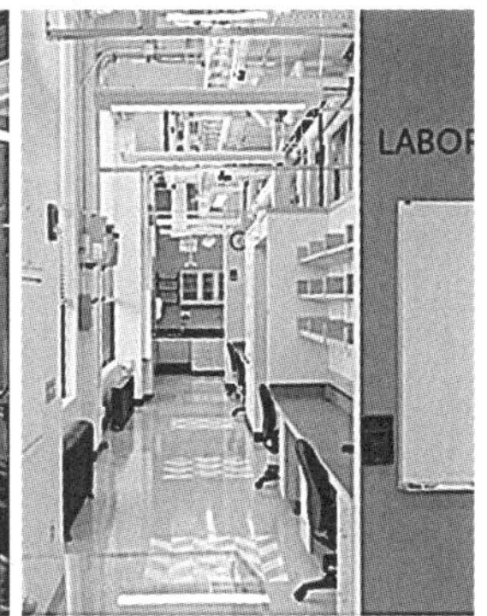

（c）改造后内景

图 5-32　先进材料实验室改造方案与改造后效果

位于 4 号楼地面层的玻璃实验室和锻造与铸造空间（Glass Lab and the Forge and Foundry spaces）的改造项目借鉴了先进材料实验室的展示改造经验，也由 IKM 建筑事务所设计完成（图 5-33）。玻璃实验室的负责人彼得・厚克（Peter Houk）说："走在'无尽走廊'上的人喜欢停下来，透过窗户看人们做东西。我们现在还将在大厅里设置一个展示柜，可以展示两个项目的成品。"[78] 除了设计玻璃隔墙与展示柜，该项目还利用自身的玻璃和金属项目优势，与建筑师合作设计了采用玻璃弹珠与穿孔金属板的走廊照明装置。

位于主楼的建筑与规划学院改造项目（2004 年），也通过改造走廊界面的通透程度，加强了走廊与科研空间的视线联系，促进学科知识的传播。当时 7 号楼围绕中央圆形大厅的三条走廊上的教室实际处于废弃的状态，而建筑系的设施却分散在 12 座不同的建筑中。改造项目的目标是利用这些废弃教

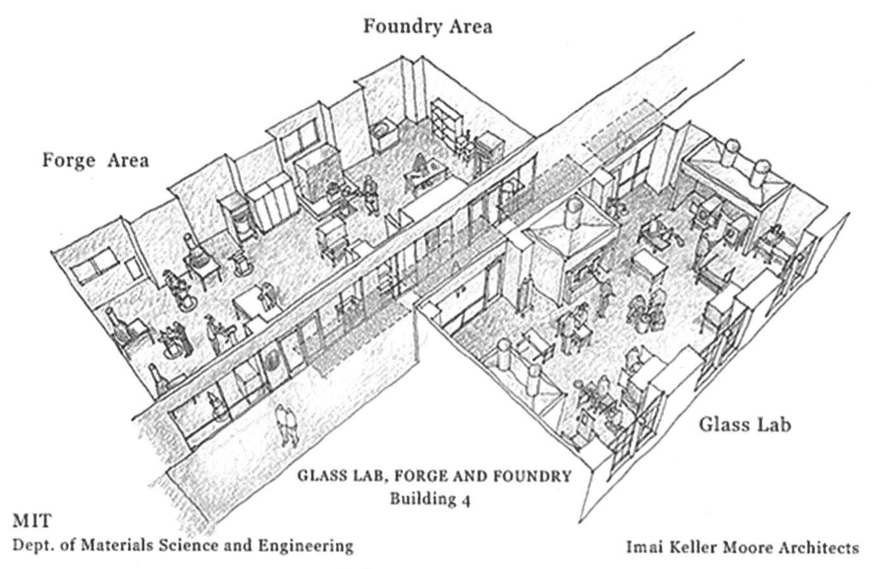

（a）改造方案空间轴测图

MIT GLASS LAB
DEPARTMENT OF MATERIALS SCIENCE AND ENGINEERING

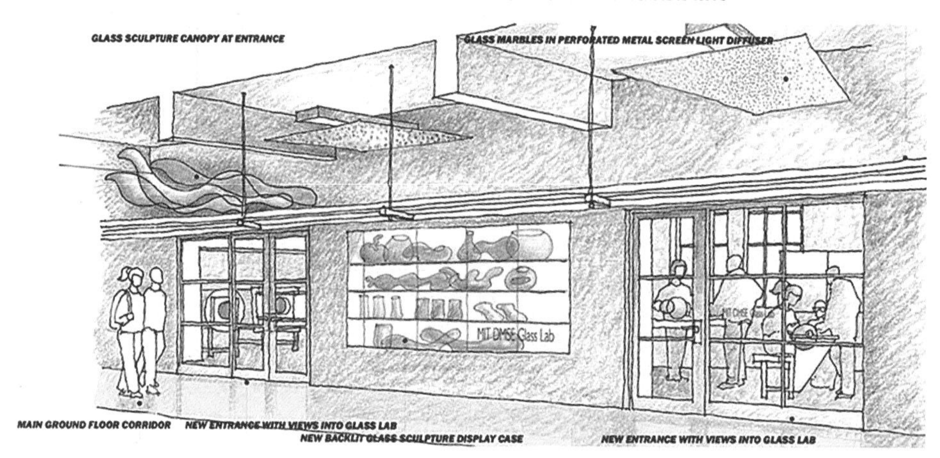

（b）改造方案效果图

图 5-33　玻璃实验室和锻造与铸造空间改造方案

室，重新组织设计学科的空间，包括教师办公室、工作室和评图空间，并在跨越三层楼的空间中为建筑规划学院创建了一个连贯的可识别的特征。为了将整个学院联系在一起，设计方案巧妙地利用走廊与通道布置了评图、展览、讲座与聚会的空间，同时还在穹顶周围设计了一个可以灵活使用的空间，展览、咖啡、设计评图等活动使得这一空间成为整个学院空间组织的标志性核心。沿走廊布置的各个工作室通过透明的钢架玻璃隔墙向经过的人展示他们的工作，创造了一个室内走廊的“城市立面”（urban façade）[79]（图 5–34、图 5–35）。在这一改造中，不同的活动得以在灵活的空间组织中广泛开展，透明的界面鼓励知识与信息的快速传播，极大地促进了师生之间的交流与合作。

类似的项目还有 2017 年完成的 NW98 号楼改造。改造项目的目标是容纳从肯德尔广场搬来的麻省理工学院海洋资助学院计划（MIT Sea Grant College Program）以及美国尖端功能面料（Advanced Functional Fabrics of America）。改造方案提供了一个专门的展示空间用以展示 AFFOA 研发的新型面料，参观者可以透过玻璃墙看到新型面料的原型（图 5–36）。而为海洋资助学院计划改造的空间则设计了一条带有视频展示的走廊（图 5–37）。可以看出，麻省理工学院非常注重通过生动展示而带来的不同学科、不同部门之间的知识传播。

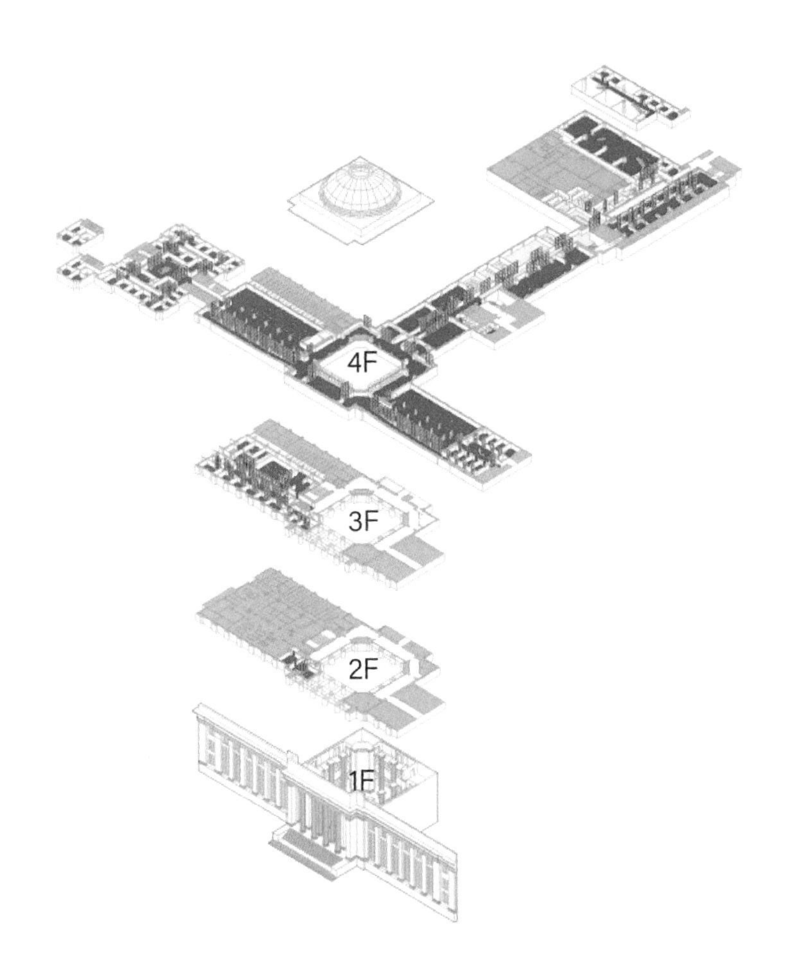

图 5–34　位于主楼的建筑与规划学院改造空间分布图（红色部分为建筑与规划学院所在空间）

图 5-35　位于主楼的建筑与规划学院改造后效果

图 5-36　AFFOA 的玻璃隔墙展示空间

图 5-37　海洋资助学院的视频展示走廊

2. 建立层与层之间的视线联系（图 5-38）

科研空间网络在强调水平联系的同时，也十分重视弱化垂直方向上层与层之间的分隔。通过设置结合垂直交通的中庭空间的方式，打破层与层之间在空间与视线的分隔。比如大脑与认知科学综合楼（46 号楼）（图 5–39）和媒体实验室综合楼（E14 号楼）（图 5–40）两个跨学科研究中心，围绕开放中庭都布置了各种实验室、讨论室、教室等功能房间，且面向中庭一侧设计为透明的玻璃隔断或通透的窗口，以加强功能空间

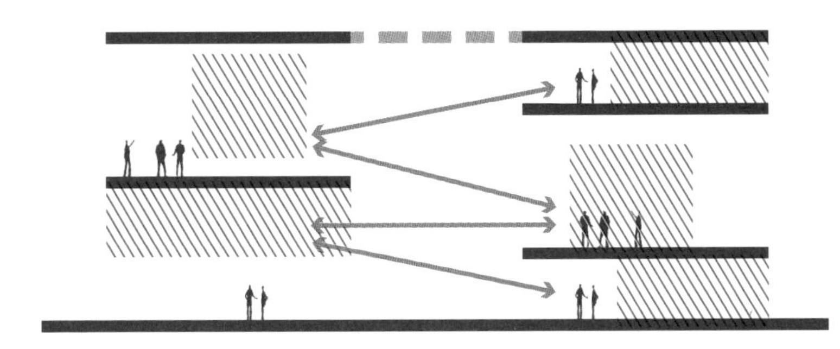

图 5–38　建立层与层之间的视线联系

图 5–39　大脑与认知科学综合楼的开放中庭

图 5–40　媒体实验室扩建部分的开放中庭

与中庭空间的视线联系，结合透明电梯、直跑楼梯等垂直交通，使人们在上下楼的过程中很容易通过中庭与透明的玻璃看到其他层实验室的学者和他们正在进行的有趣研究，最大限度地沟通了层与层之间的视线联系，鼓励不同楼层之间的交流与互动。

3．高度可见的非正式社交空间（图 5–41）

在麻省理工学院，一块黑板、一组沙发往往就能形成一个非正式的讨论空间，它们很多位于主要交通上，或者是紧邻通高的中庭空间。学院非常重视将这些非正式社交空间设计在师生上下课比较容易路过和看见的位置，与周围的交通空间建立高度可见的视觉联系，使路过的师生可以被黑板上一个有吸引力的问题、一组有趣的公式推导所吸引，或是看见相熟的学者，进而有可能加入这些讨论中，以此促进更多的交流与合作。比较典型的例子是媒体实验室综合体与中庭相连的三层公共平台（图 5–42），这里平时摆放沙发、讨论桌和娱乐用的

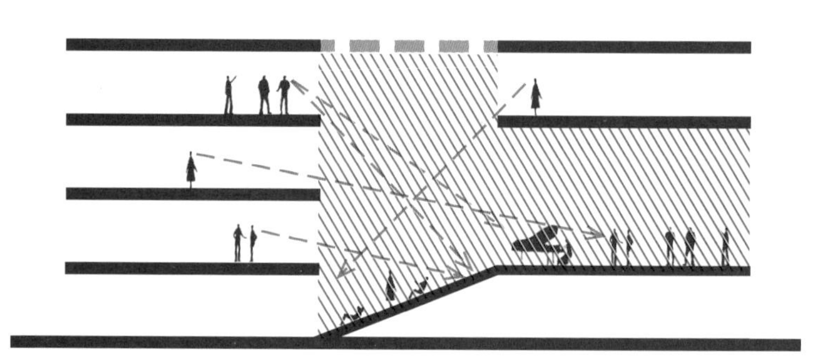

图 5–41　高度可见的非正式社交空间

图 5–42　媒体实验室综合体与中庭相连的三层公共平台

图 5-43　媒体实验室综合体三层公共平台进行报告与讲座活动

桌面足球、乒乓球台，看似休闲的空间有的时候也会在此开展正式的报告和讲座活动（图 5-43）。这个公共空间既可以看到四周透明的实验室正在进行的学术活动，也可以被周围上下楼梯、电梯的人看到，作为一种激发交往行为的空间节点是非常高效的。

数学系的 2 号楼（Simons Building）改造也是一个例子。2 号楼始建于 1916 年，是主校区相互连通的科研建筑网络的重要组成部分。2 号楼的改造于 2016 年完成，设计师是校友安・贝亚（Ann Beha），改造的主要目标是修复陈旧的基础设施，并为促进交流合作创造足够的共享空间。改造工程的最大亮点是增建了第四层，增加了约 1300m^2 的办公室、研讨会和共享空间（图 5-44、图 5-45）。这些共享空间也是围绕交通空间进行组织，如在通高空间紧邻楼梯的地方布置黑板与桌椅，形成两层空间都可见的共享交流区。在改造之前，2 号楼的共享空间仅有一个公共空间、一个数学图书馆和一个本科生休息室，改造后数学系获得了 1 个扩大的公共空间、新的本科生休息室、3 个数学研讨会室和 16 个会议室 [80]，极大地促进了师生的日常学术交流。

主楼的物理系和材料科学与工程系的改造也是一个例子。IKM 设计团队对两个系的教育、研究、行政与社交空间进行

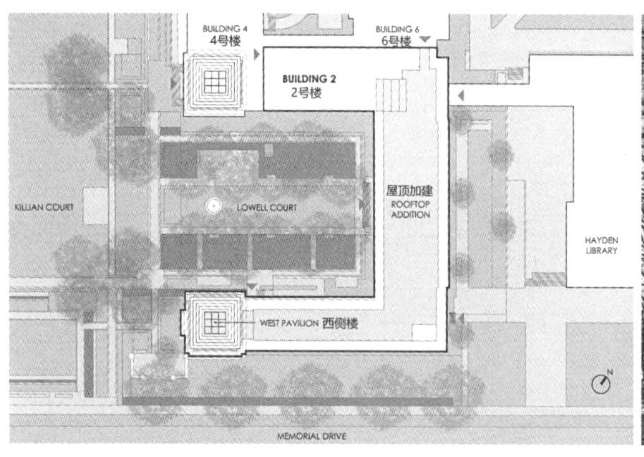

图 5-44 新增屋顶层的改造方案

图 5-45 改造后的共享空间

了重新组织，不但科研空间、会议室面向走廊高度可见，一些非正式的讨论区、社交空间也被放置在公共走廊上，并结合中庭空间在剖面上的组合布置，使得不同层的人很容易被这些高度可见的非正式社交空间联系起来，营造了充满交流氛围的共享空间（图 5-46）。

此外，餐饮设施也是很好的非正式社交空间。早在 1949

图 5-46　主楼的物理系和材料科学与工程系改造后的公共空间

年刘易斯委员会的报告就已经明确指出，应提供场所促进师生课堂以外的非正式交流。贝聿铭设计的 54 号楼曾因为是高层学术塔楼不利于非正式交流而遭受质疑，后来校友塞西尔和艾达·格林在中间楼层 9 楼捐赠了日常茶水服务设施，极大地满足了 54 号楼师生的非正式交流需求。除了各院系内部配备的饮食点，主校区的科研建筑网络也分布了不少公共就餐点，师生在课堂之余可以就近用餐，往返就餐点也会途经其他学科带有通透展示墙的实验室、会议室以获得灵感。

更值得一提的是，除了这些固定的就餐点，各个学院在举办讲座等学术活动的时候，往往也会通过提供食物的方式来吸引与促进与会人群的进一步交流。利用就餐的机会进行社交已然成为麻省理工学院的一种校园文化。

第6章

创新环境的校园空间特质：灵活适应的科研建筑空间

MIT 在有限条件下逐渐形成的集中紧凑、互联互通的科研建筑空间网络，既节约了用地，也带来了使用上的高效率。在一栋建筑中设置多个院系，使不同的学院和学科之间没有明确的建筑界限、空间界限，极大地促进了不同学科之间的交流联系与合作。但与此同时，这种特殊的空间特点与组织方式也对如何有效设计才能真正提高科研建筑空间的灵活性与适应性，使其既能适应不同学科的使用需求，又能最大限度地适应学校未来的发展提出了巨大挑战。

早在“7 号”研究报告中，约翰·弗里曼就特别强调麻省理工学院不到 50 英亩（约合 20 万 m^2）的校园用地相比其他许多美国院校都要小得多，必须谨慎地加以保护，建筑的类型应加以选择，以便最大限度地节约土地面积 [28]。弗里曼在详尽调研各学院使用需求基础上，结合工业工程师的经验提出的综合考虑结构体系、单元尺寸与设备支持的标准空间单元理念，在博斯沃思的设计方案中得以继承，并在此后 MIT 的百年校园发展建设中被不断完善与发展，精心设计的科研建筑空间很好地适应了不断发展变化的研究领域及学术活动的需求，满足了学院对于科研建筑空间“长期灵活”（long-term flexibility）和“即时灵活”（immediate flexibility）[5] 的要求，与互联互通的科研空间一起构建出一个高效率的科研空间网络，成为 MIT 校园创新环境的重要空间特征之一。

6.1　灵活适应的科研建筑空间设计经验

6.1.1　建设前详尽的功能需求研究

在进行校园建设前期，MIT 的规划建设部门及设计方都进行了非常详尽、细致的空间需求研究，包括不同学科部门在教学、研究方面的实际空间需要，各种设施设备使用方式，家具的摆放位置等具体细节。不同的学科、不同的使用功能对空间的要求是千差万别的，只有充分了解这些真实的使用需求，才能设计出真正灵活、适用的科研建筑空间。

对功能需求进行详尽研究的做法起源于 1912 年约翰·弗里曼为新校区规划建设做的前期调查研究。与当时热衷于讨论建筑的外观形式而忽略内部功能的建筑师不同，作为土木工程师的弗里曼首先考虑的是建筑中的效率与经济性问题，他认为新校区的建设是“五分之一的建筑问题和五分之四的工业工程问题[28]”，大学校园的建设应该从内部功能出发，然后才是外观。因此，在做新校区的设计方案前，弗里曼先花费了大量时间、精力对各学科的空间需求与使用方式等细节进行了详细研究，同时也对当时欧美国家诸多高等院校与研究中心的建筑与设施、新建成酒店的结构体系与通风系统等方面展开了调查研究，包括建筑平面、结构、建设成本、照片等，还进行了深入系统的整理与分析[28]。这份详尽的功能需求调查研究报告——“7 号”研究报告为接下来 MIT 主楼空间单元的设计奠定了重要的基础。

此后，在建设前期进行详尽的功能需求研究成为 MIT 的传统。在 1974 年的“东校区研究报告”中（图 6–1），为了更好地量化 MIT 未来十年的空间需求，规划办公室主任罗伯特·西姆哈等人对使用需求进行了详细调查，结合各学科的发展需要，对普通教室、大型阶梯教室、实验室，以及住宿、办公、商业零售等九种空间类型（图 6–2）的净增长面积进行了预估，并在三个空间层次上提出灵活性要求：在“规划网格”（planning grid）即模块单元网格层次上，适应家具和围合模式变化的灵活性；在建筑“总平面外轮廓”（building shell）层次上，考虑多个可接入的出入口、响应市政设施系统（utility system）和进出建筑模式变化的灵活性；在“综合设施”（facility complex）层次上，需要灵活性以满足彼此相连的建筑

图 6–1　1974 年 MIT 东校区研究报告

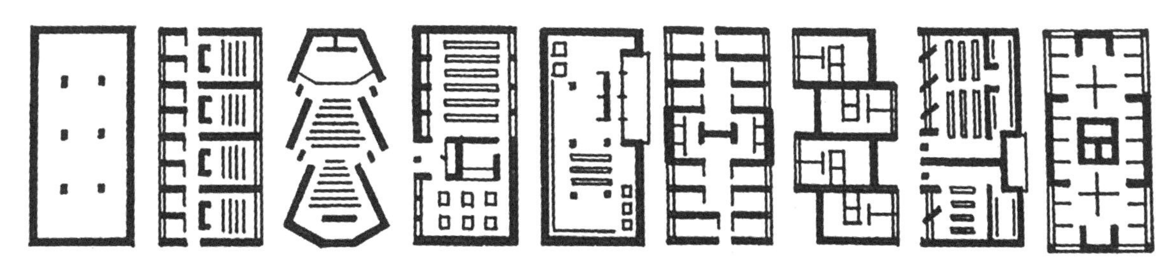
图 6–2　九种空间类型

群，以及地下水、电管道等服务设施网络的经济性和垂直交通的效率性要求[85]。

在1984年媒体实验室建成之前，新的艺术及媒体技术大楼（Building E15）前后经历了六年的建设计划研究。在此期间，MIT首先组织多个教师群体对艺术和媒体的重要性及如何发展进行讨论。此后，建筑师和教师团体共同合作，对具体的建设内容、使用需求进行深入探讨。1982年的研究报告中明确指出，新大楼室内功能空间应具备极大的灵活性，允许多个研究领域的交互，具体功能应包括：展廊和展示空间、实验室、工作室及工作坊、教室、办公室、研讨室、表演空间等。此外，报告对计划设置的实验室（包括图像处理实验室、音频实验室、色彩实验室、电子产品实验室等）所需的设备设施、展示空间计划展陈的内容均进行了十分详细的研究，以指导后期新大楼的设计和建设工作[86]。

新的艺术及媒体技术大楼在建成且使用二十多年后，由于实验室研究项目数量的逐步增加，其原有研究空间逐渐变得紧张，同时为进一步增加教学、活动、行政等空间，学校决定向南侧进行扩建。在扩建工程开始之前，前建筑学院院长、媒体实验室教授威廉·米切尔在为未来实验室扩建准备的两次研究报告中，通过对实验室主要研究科学家的数量进行预估（预估将有30人），在保证每人2000 ft^2（约合185.8m^2）研究空间面积的前提下，建议扩建共增加约60000 ft^2（约合5574.2m^2）的实验室面积。同时，根据不同实验室对设备设施的依赖程度，将拟建的实验室分为重型设备实验室、中型设备实验室和轻型设备实验室三类，并对各自所需的排风口数量进行了充分预估[87, 88]。同年，由槙综合计画事务所（Maki and Associates）和里尔斯·温扎普菲合伙人建筑公司（Leers Weinzapfel Associates）共同为扩建项目中各类实验室的具体平面布置进行了细致的研究设计，包括精密加工实验室、声学实验室、机械工作坊、电子产品制造实验室等[89]。他们研究这些实验室的平面尺寸、内部功能区域划分、家具和实验器械的摆放位置、外露设备管道的安装位置，以及依据实验室对声光环境的需求等方面，对地面、吊顶、墙面选用的贴面材料也作

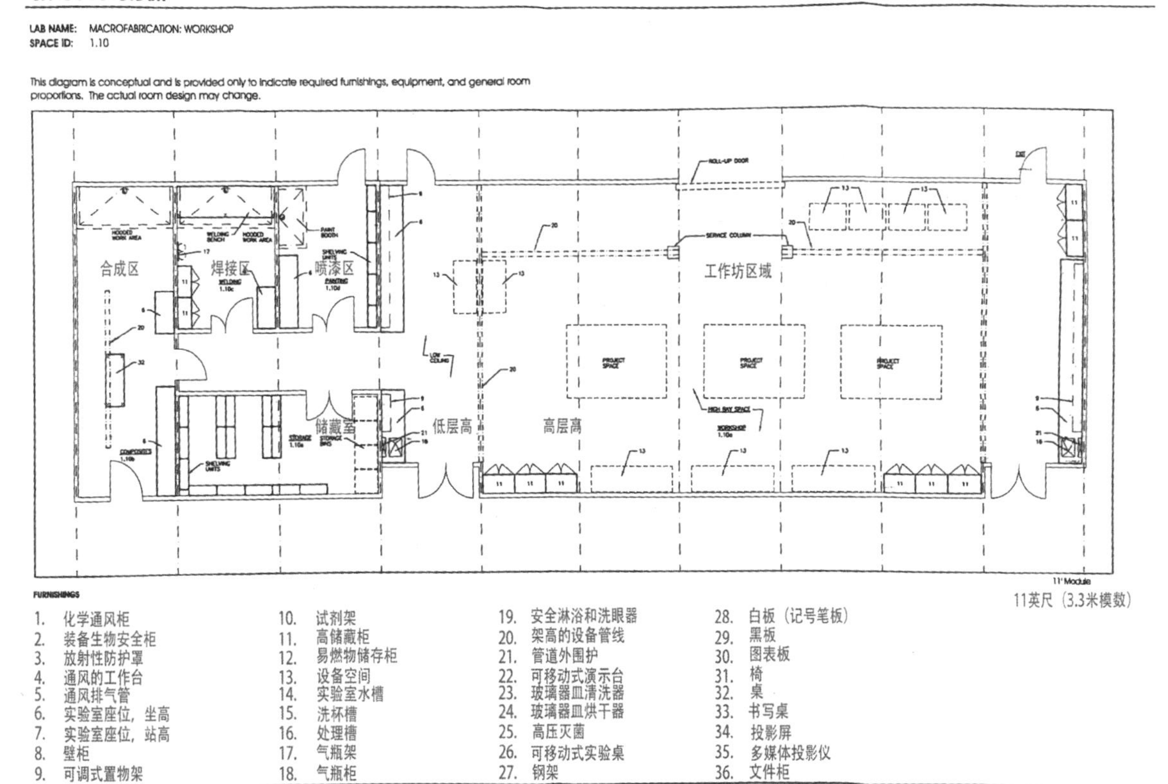

图 6–3　1999 年研究报告中对不同类型实验室的设施布置的研究

了详细的分析说明（图 6–3）。

基于详尽功能需求研究设计建成的 E15 号和 E14 号楼，都很好地满足了媒体实验室研究人员的需求，MIT 在适宜的科研空间环境中孕育出了电子全息技术、电子墨水屏、触摸屏、GPS 定位系统、可穿戴设备等大量创新性成果，使媒体实验室成为世界上最具活力及创新力的实验室之一。

6.1.2　精心设计的模块系统

在前期对建设项目进行详尽调研的基础上，综合考虑灵活多样的使用需求、结构框架尺寸、自然采光与通风系统等来确定合理的模块单元及其组合方式，在 MIT 的科研建筑设计中一直是被重点考虑的因素（图 6–4）。

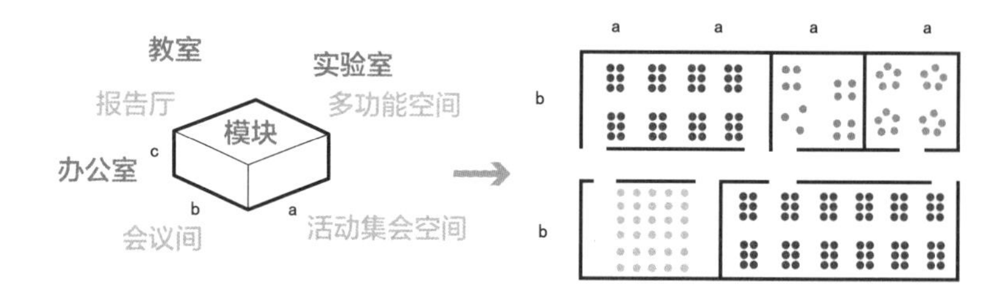

图 6-4　研究合适的模数网格尺寸以满足多种使用功能需求

1. 模块单元尺寸

"对于学科部门扩展和改变所需的灵活性必须是建筑类型和空间布置的控制要点，没有人能预测在什么时刻这些组织将会发生重大改变……精心设计的单元在建筑中尽可能多地重复，单元之间的墙不承重，因此，根据需要将几个单元组合很容易形成大的房间，反之亦然"[28]。

弗里曼从"经济、效率、适应性"视角考虑主楼的设计，在详尽调研的基础上，设计了基本空间单元，其宽约为4.6m，长为11m（见图 4-9）。他综合考虑了框架结构尺寸与设备管线布置，认为轻质隔墙可以放置在任何需要的位置，这样既可以满足小班教学或教授研究使用，又可以满足大班教学或大规模的讲座、集会等多种功能的使用需求（见图 4-10），从而将建设成本降到最低[90]。同时，框架式结构柱间大面积的玻璃窗与较高的层高则保证了建筑良好的自然采光与通风条件。

在建筑师威廉·博斯沃思规划设计的实施方案中，主楼内部平面基本延续了弗里曼提出的具有广泛适应性的模块单元理念（与"7 号"研究报告的模数尺寸相比有所调整，实际约为7.3m×4.6m），这为实现 MIT 主楼内部学科的复合布置与功能的多样性奠定了重要基础。主楼内部目前设有土木与环境工程、机械工程、建筑艺术历史及理论、物理、数学等多个学科部门，包括图书馆、各类教室、演讲厅、办公室、实验室（信息系统与技术实验室、流体力学实验室、机电一体化实验室等），以及展示空间、工作室、学生组织活动空间等功能区，共一千六百多个房间。灵活、适应的主楼空间提供了丰富多样的教学、研究、课外活动，持续营造了充满活力、自由的学术氛围和社区感。

MIT 规划办公室于 1974 年完成东校区研究报告，在充分研究每种类型空间需求的基础上，制定了 5 ft×5 ft（约 1.5m×1.5m）的网格模数及 30 ft×30 ft（约 9m×9m）的结构模数[85]。基于模数尺寸，规划办公室分析了基本单元平面所能提供的多种空间功能组合和使用方式（图 6–5）。如 1 个

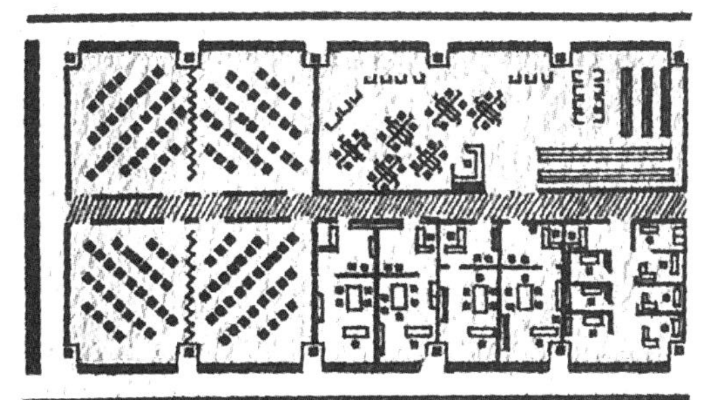

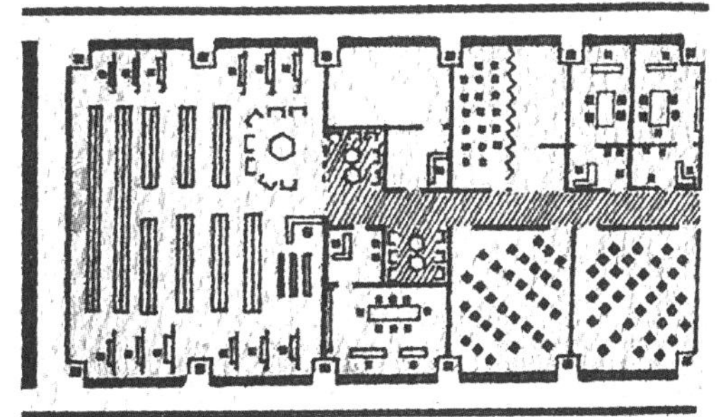

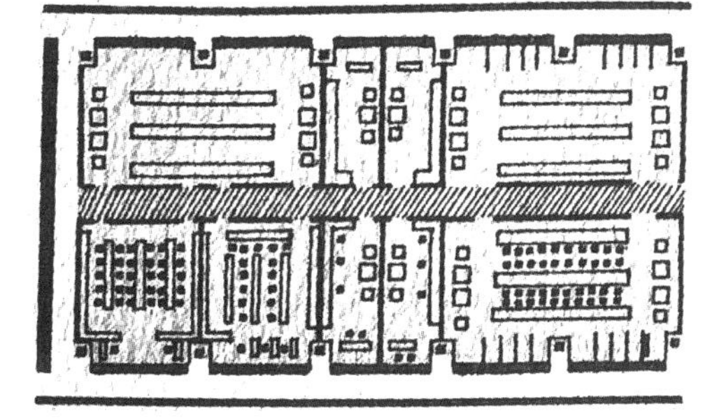

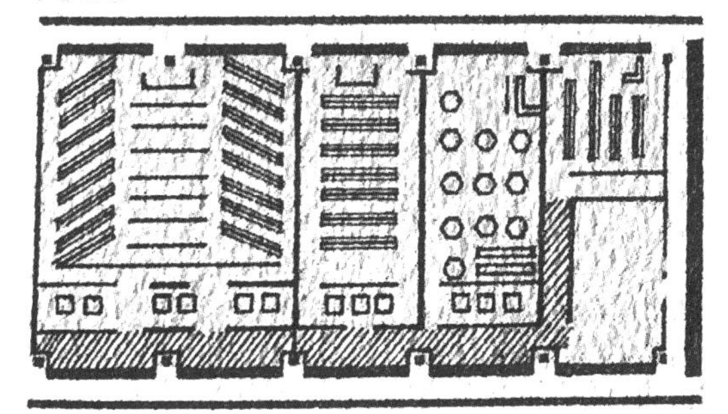

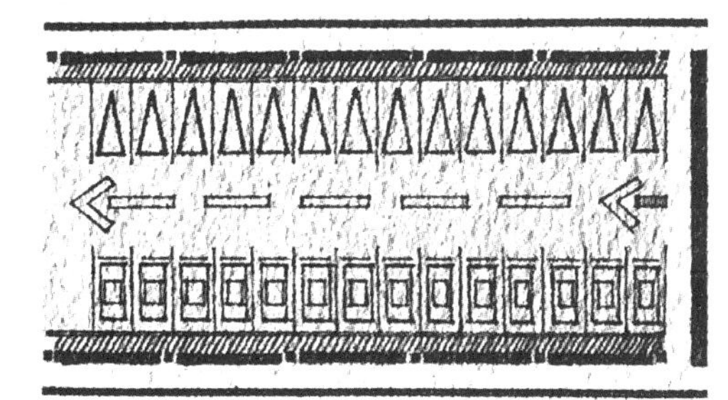

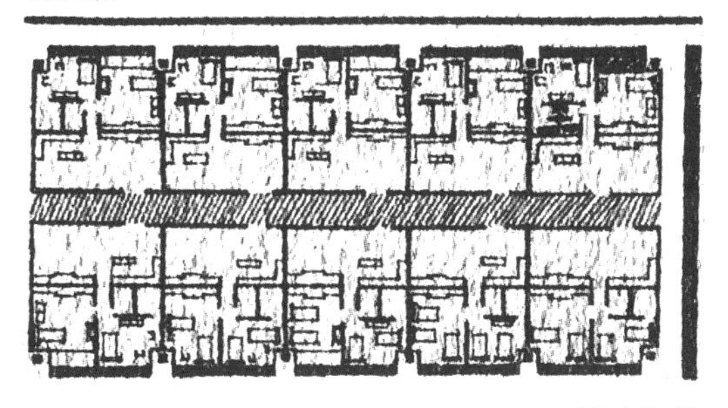

图 6–5　9m×9m 的结构模数空间可以组合出多种功能平面

图 6-6　1989 年主校区东北区域总体规划

9m×9m 的单元可以被设计为 1～2 间办公室、会议室、小型研讨室或 1 间容纳 30 人的教室；两个模块单元合并后可以作为容纳 60 人的教室或 1 个实验室；而 4 个模数单元则可以组合成小型的图书室、报告厅等。同时，9m×9m 的结构模数对于商业、停车、宿舍等功能空间的布置来说，具有很好的适应性。

针对 MIT 主校区东北区域的新建设，华莱士和弗洛伊德联合公司（Wallace，Floyd，Associates Inc.）在总体规划报告（1989 年）（图 6-6）中提出涵盖建筑宽度、层高、结构跨度、楼板承载力和设施分配系统等方面的灵活建筑模块，以多样的空间分隔和走廊位置形成了灵活的空间使用方式，这尤其适用于实验室的布置。事务所建议一般的学术建筑总进深为 68 ft（约合 20.7m），楼层高度为 13 ft（约合 4.0m），结构开间为 21 ft（约合 6.4m）。3 个结构开间组成 1 个 63 ft（约合 19.2m）的片段，每隔 150～200 ft（约合 45.7～61.0m，约 3 个片段）可插入垂直交通模块 [91]。实验室可以和办公室、辅助设备室或教室在 20m 进深内被灵活组合，而且可供选择的房间尺寸多样，走廊位置也较为灵活（图 6-7）。1 个结构开

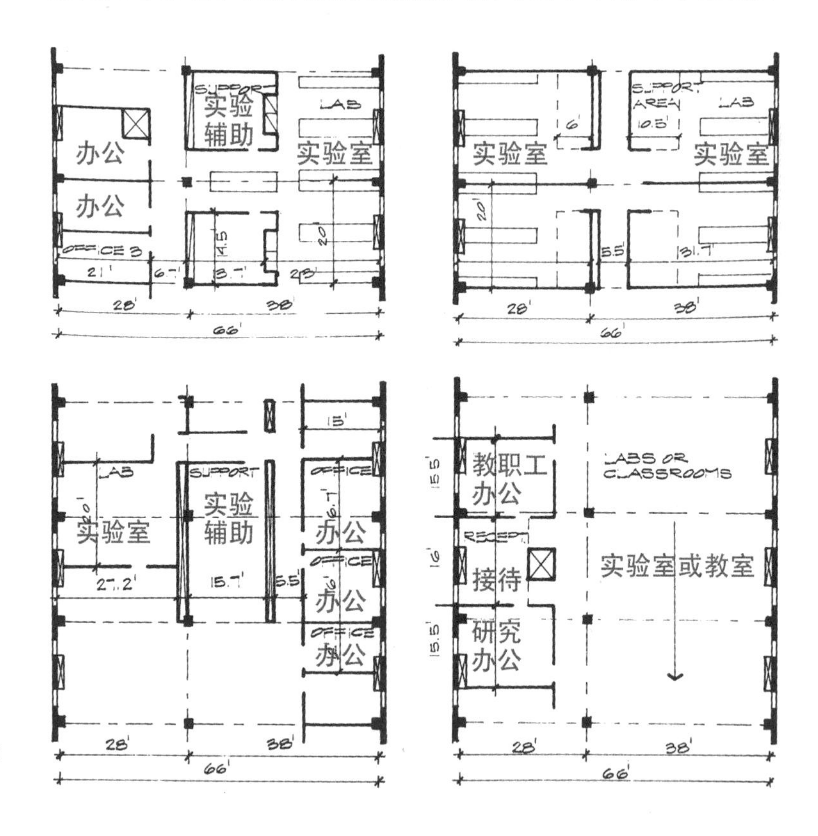

图 6-7　约 20m 进深内的多种平面布置可能

间（约 6.4m）可布置 1 个小型实验室或 2 个办公室，1.5 个结构开间（约 9.6m）又可布置 1 个中型教室。13 ft（约合 4.0m）的层高为剖面空间利用提供了多种可能：1 层高度可用于普通的教室、实验室；2～3 个层高可以为报告厅、图书馆、大型餐厅和大堂等功能空间提供所需的高度；地下室则调整为 15 ft（约合 4.6m）的层高，以容纳管网系统和大型机电设备。此外，当基本模数平面尺寸难以满足特殊的功能需求时，也可以向基本模块系统中插入“分支”或加宽的特殊模块单元，插入的特殊模块单元会被控制在“可变区域”内（图 6–8），以维持原有规划设计的一致性。

2．模块组合方式

模数单元、水平走廊、垂直交通的不同组合，可以形成多种建筑单体平面布置的模式。这些建筑单体通过水平连廊可以进一步组成相互连通的学术建筑群。

MIT 校园学术建筑中最为常见的组合方式为“内廊＋两侧”的模块单元，如 26 号楼、16 号楼、56 号楼等。位于北校区的康普顿实验室（Karl Taylor Compton Laboratory）即 26 号楼，由 SOM 建筑设计事务所的戈登·邦沙夫特（Gordon Bunshaft）担任主设计师，于 1955～1957 年设计建成（图 6–9）。26 号楼走廊两侧分别为办公室和实验室，靠实

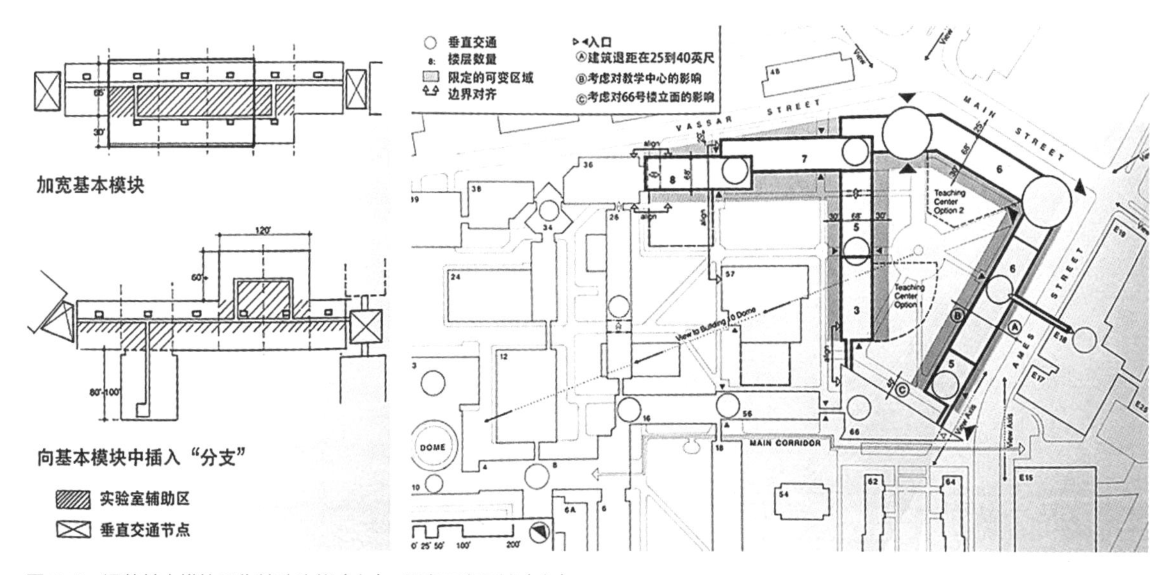

图 6–8　调整基本模块用作特殊功能（左）；限定可变区域（右）

验室一侧整合了水电、通风管井（图 6–10、图 6–11）。建于 1963 年的 56 号楼（图 6–12），由劳伦斯·安德森（Lawrence B. Anderson）和赫伯特·贝克维斯（Herbert L. Beckwith）设计，八层高的 56 号楼主要用作生命科学的实验研究空间，首层走廊两侧为教室和报告厅，除首层外其余层则主要为实验室和办公室。建筑平面在进深方向布置了两个结构跨度，北侧约 9.5m 的跨度内布置较大的功能空间和设备管井，南侧约 8.5m 的跨度内则布置为走道和进深相对较小的会议室与小型教室等（图 6–13、图 6–14）。

除了“内廊＋两侧”布置模块单元的组合形式外，MIT 校园建筑中有部分学术建筑采用中间布置模块单元、两侧布置

图 6–9　26 号楼照片

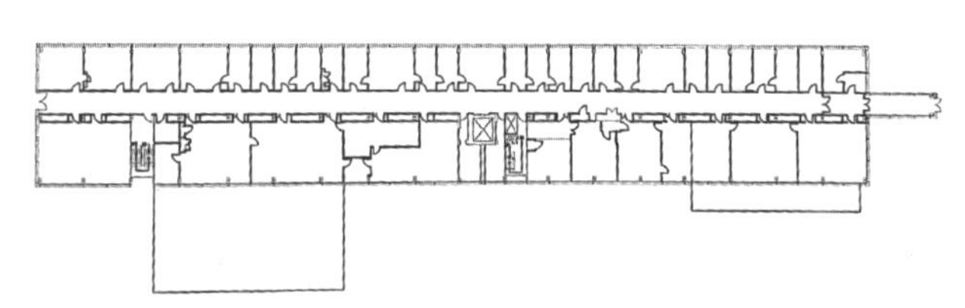

图 6–10　26 号楼平面

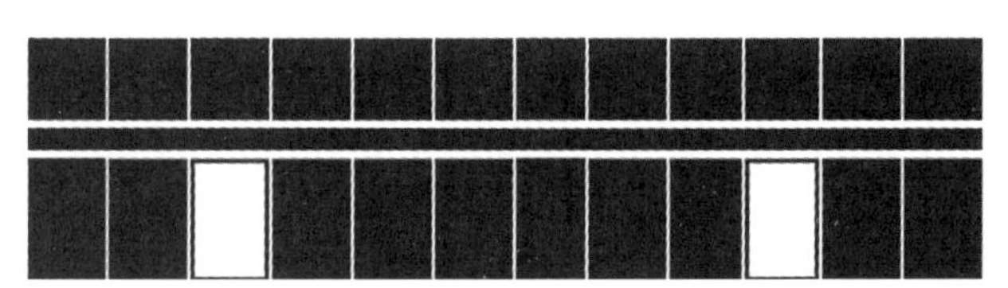

图 6–11　26 号楼单元模块组合模式

图 6–12　56 号楼照片

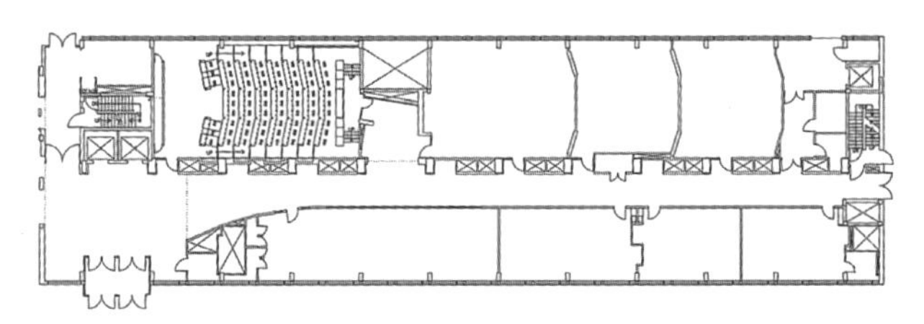

图 6–13　56 号楼首层平面

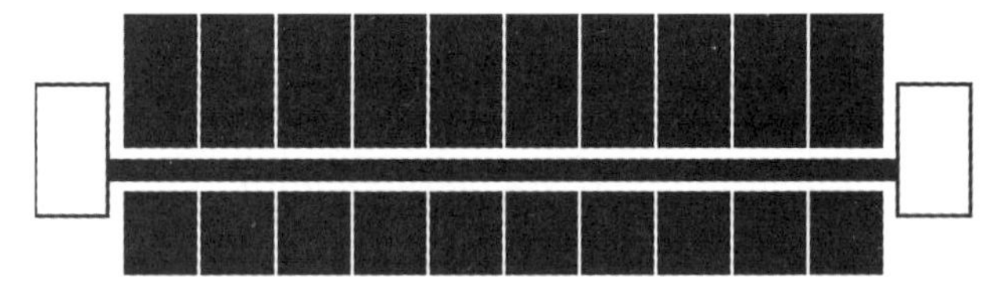

图 6–14　56 号楼单元模块组合模式

图 6-15　从庭院望向 18 号楼

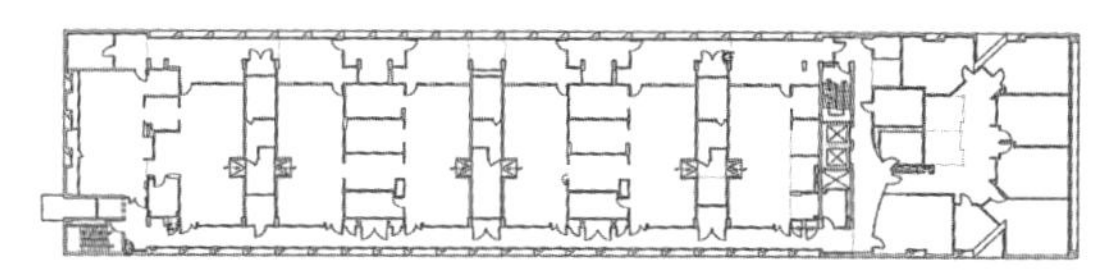

图 6-16　18 号楼二层平面

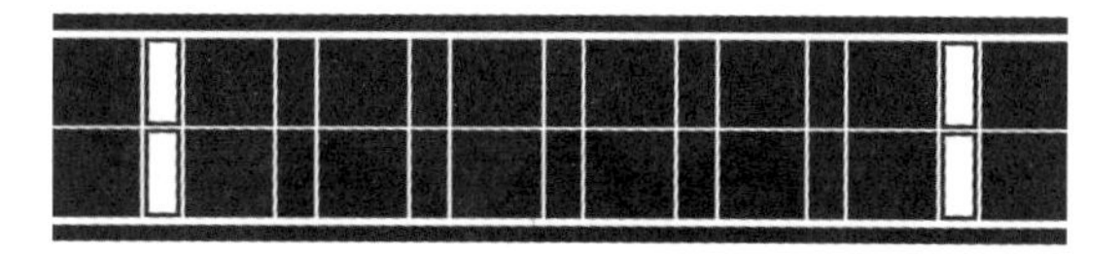

图 6-17　18 号楼单元模块组合模式

走廊的方式。由贝聿铭设计的 18 号楼（Dreyfus Building）于 1970 年落成，作为 MIT 化学部门新的科研空间，其平面布局受当时化学系教授约翰·欧文（John W. Irvine）的影响[29]。设计师将一系列实验室和纵向通风管井布置在中间，将走廊布置在外侧，将教师办公室布置在建筑一端。这样的布局不仅可以让实验室和配套服务空间结合结构柱网在纵向上进行多种空间划分（图 6-15 ~ 图 6-17），也满足了约翰教授对于研究生能在老师的监督下更高效地进行科研工作的需求。同时，外侧走廊也为建筑外观带来了活力与趣味，当人们从庭院看向建筑时，可以清楚地观察到“回”字形走廊中行走的人及其活动（图 6-15）。

位于主楼北侧的 13 号楼，作为 MIT 的材料科学中心，主要提供综合材料、物理和电气工程三个学科的跨学科研究空间，由 SOM 建筑设计事务所芝加哥办公室的主要设计合伙人，同时也是 MIT 校友的沃尔特·纳什（Walter Netch）负责，于 1965 年建成（图 6-18）。在设计之初，沃尔特提出采用模块化、可扩展的预制混凝土结构，但由于造价太高而被拒绝，最终改为现浇混凝土框架结构[36]。在方案的平面布局设计上，沃尔特将实验室布置在建筑的中心，办公空间和其他配套设施被布置在建筑的外围，形成了“回”字形的交通方式。实验室的大小和形状在改变的同时，仍然可以接入中央管网竖井，为实验室布局划分提供了极大的灵活性（图 6-19、图 6-20）。建筑的总进深约为 90 ft（约合 27.4m），相比进深约为 18m 的一条“内廊＋两侧”模块单元的建筑平面方式，

图 6-18　13 号楼照片

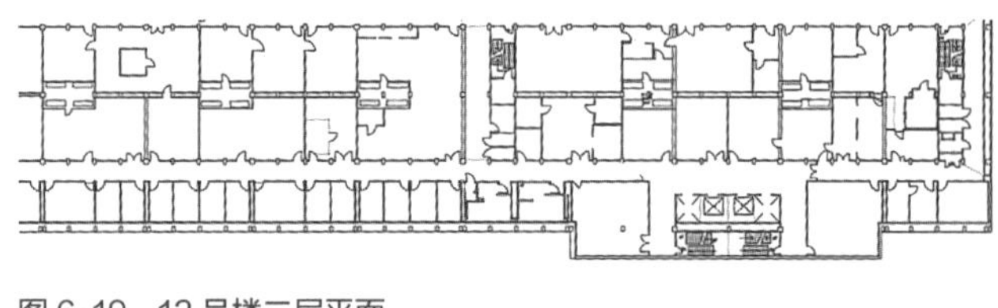

图 6-19　13 号楼二层平面

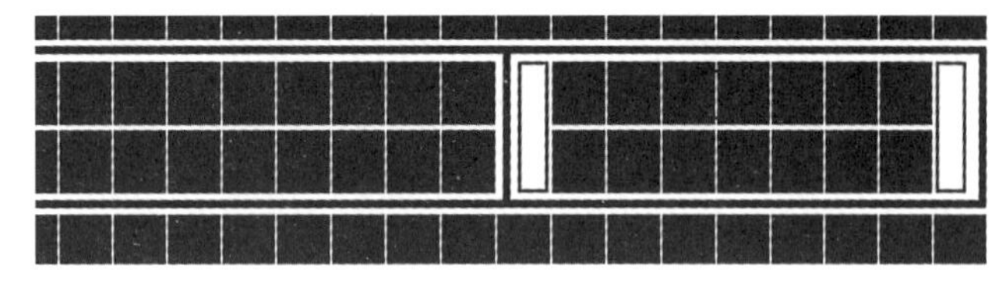

图 6-20　13 号楼单元模块组合模式

这种新的组合方式有更大的空间布局灵活性，能够很好地适应材料科学部门持续变化的学术环境需求。

3．整合的设备管网（图 6–21）

“每根内侧柱子都设有一套完整的设备管线贯通上下，包括水管、电缆、通风管道等，这样未来不论内部隔墙如何变化，总能就近便利地接入暖通、水、电或者废气、废水管道。[28]”

早在弗里曼的“7 号”研究报告中，承重柱是由钢筋混凝土实体和空腔两部分组成的，总体尺寸接近 1.5m × 1.4m，空腔足够大（0.6m × 0.75m），留有可容纳一个人进入维修的空间（图 6–22）。外侧柱的空腔布置了废气管道，通过屋面电动吸风机驱动；内侧柱的空腔则布置了新风，负责将新风通入各层；柱子底部则直接与底层廊道下的水平向主管道相连，接入整个校园的水、电、气等管线系统。

设备管井与结构整合的设计十分适用于以中小型实验室、教学空间为主的综合科研楼。建于 1973 ~ 1976 年的 66 号楼（Landau Building）是贝聿铭围绕 MIT 麦克德莫特庭院设

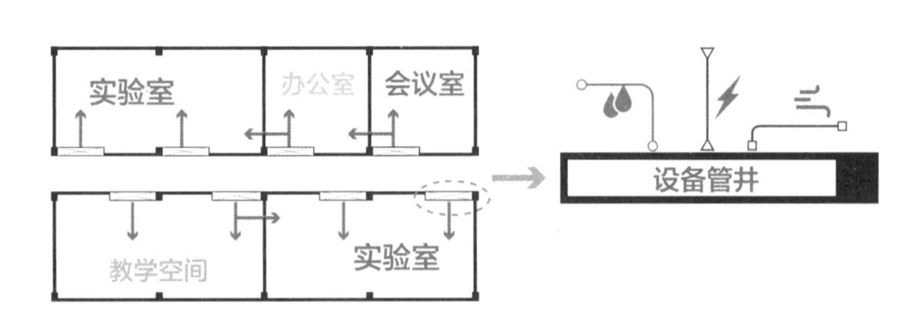

图 6-21　整合的设备管网

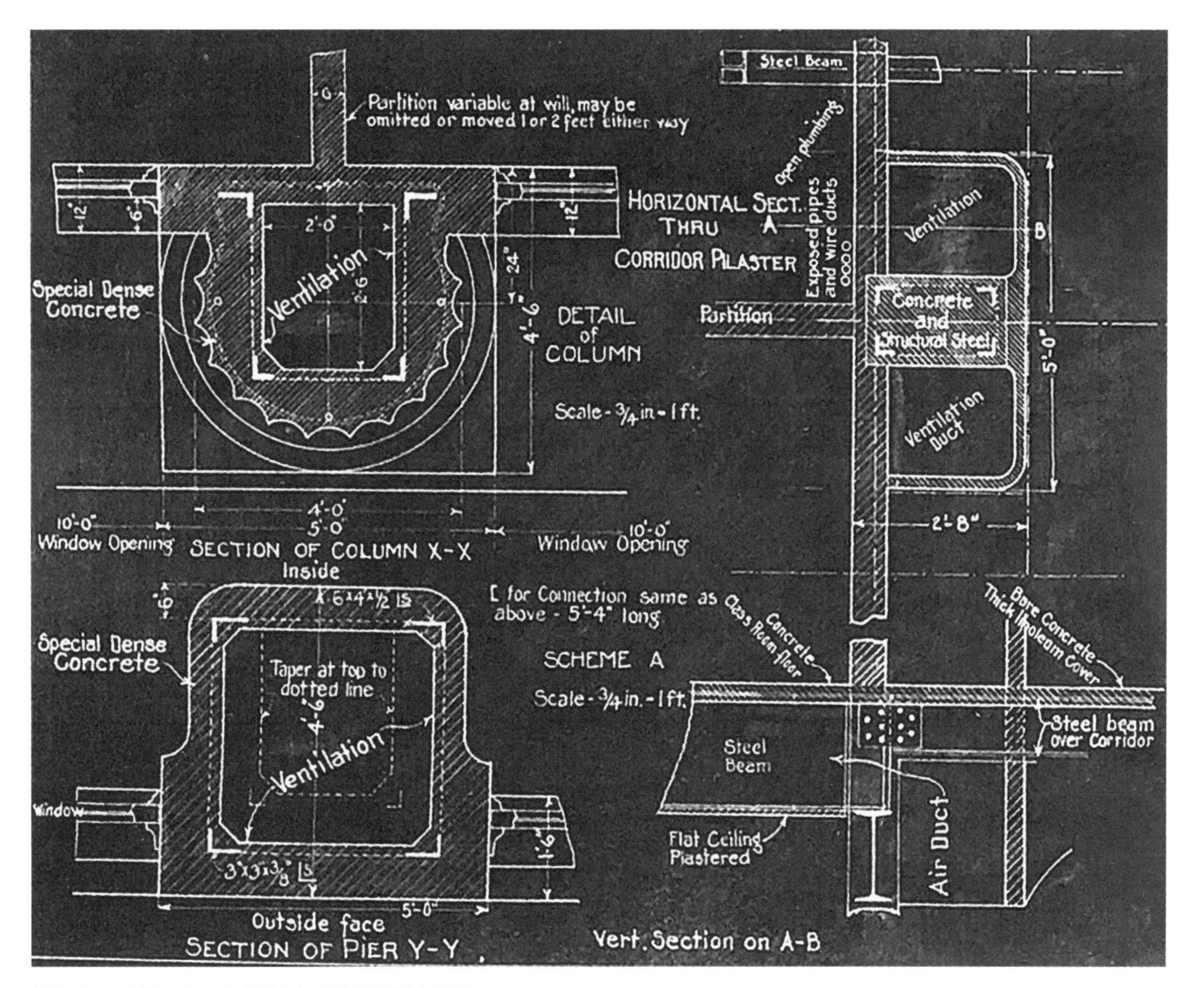

图 6–22　暖通、水、电等设备与结构进行整合设计

计的第三座现代主义混凝土建筑。当时为了支持化学工程系与化学、生物学、营养和健康科学进行合作，以扩展应用化学的研究领域，需要新的空间和设施来适应规模扩大后师生人数的增长。由于用地的限制，建筑师采用了三角形平面形式，长直角边——校园南侧空间布置教室、办公室、会议室等，实验室则垂直于斜边布置，并通过走廊一侧的梯形管井巧妙地完成空间的转换（图 6–23）。设备管井和结构通过适宜的结构跨度进行整合设计，使得该建筑平面空间可以针对多样的功能需求进行调整。

到了 20 世纪 80 年代，在东北校区的规划中，新风管道与结构柱脱离，但仍与模数尺寸联动，建筑暖通、水、电、管道

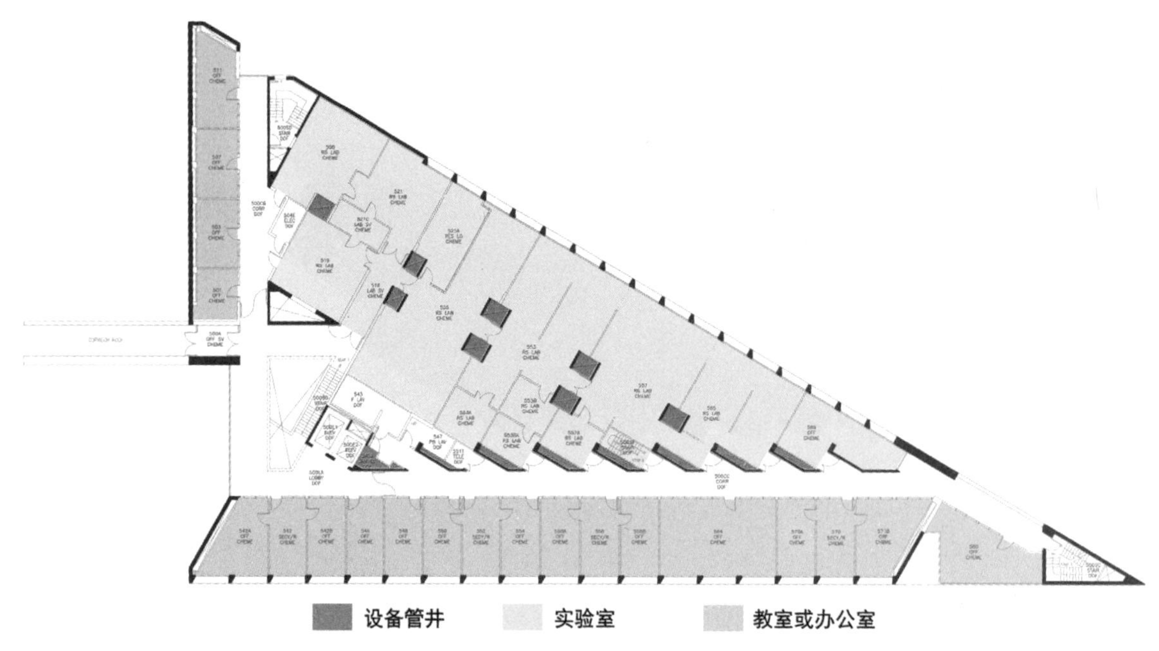

图 6-23　66 号楼平面

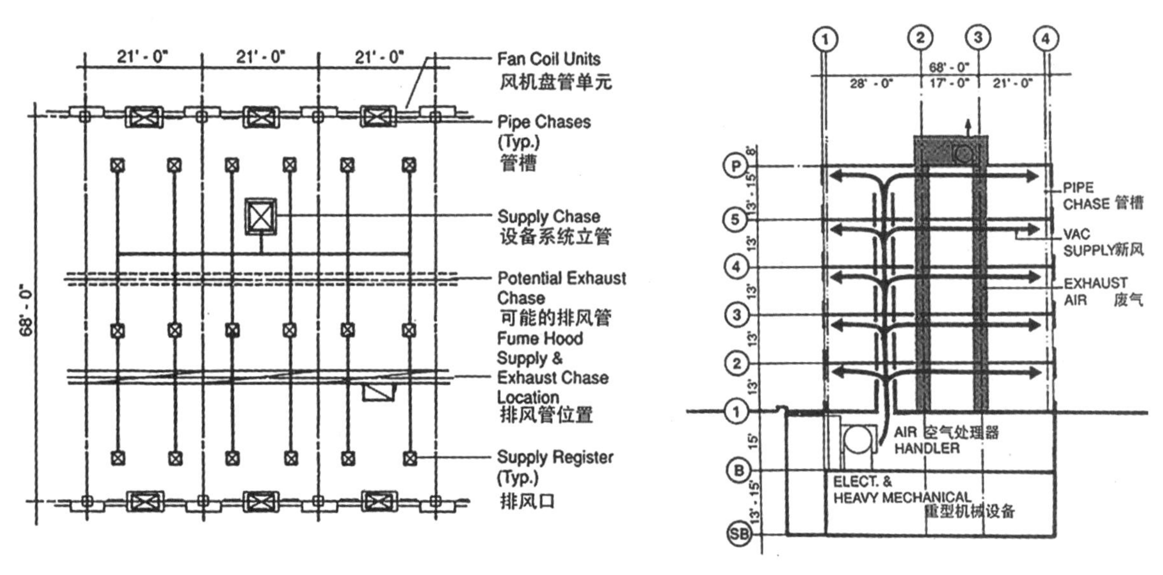

图 6-24　单个模块的设备管井布置平面（左）和剖面（右）

按照面积大小进行分配（图 6-24）。规划报告建议每三个结构开间（约 19.2m）设置一个设备系统立管，其经由楼板将新风送至各个房间，同时每个结构开间内布置一个风机盘管，用以调节室内温度。近年来，MIT 建成一些以大型实验室为主的实验楼，如 2018 年建成的纳米实验楼（12 号楼），采用将设

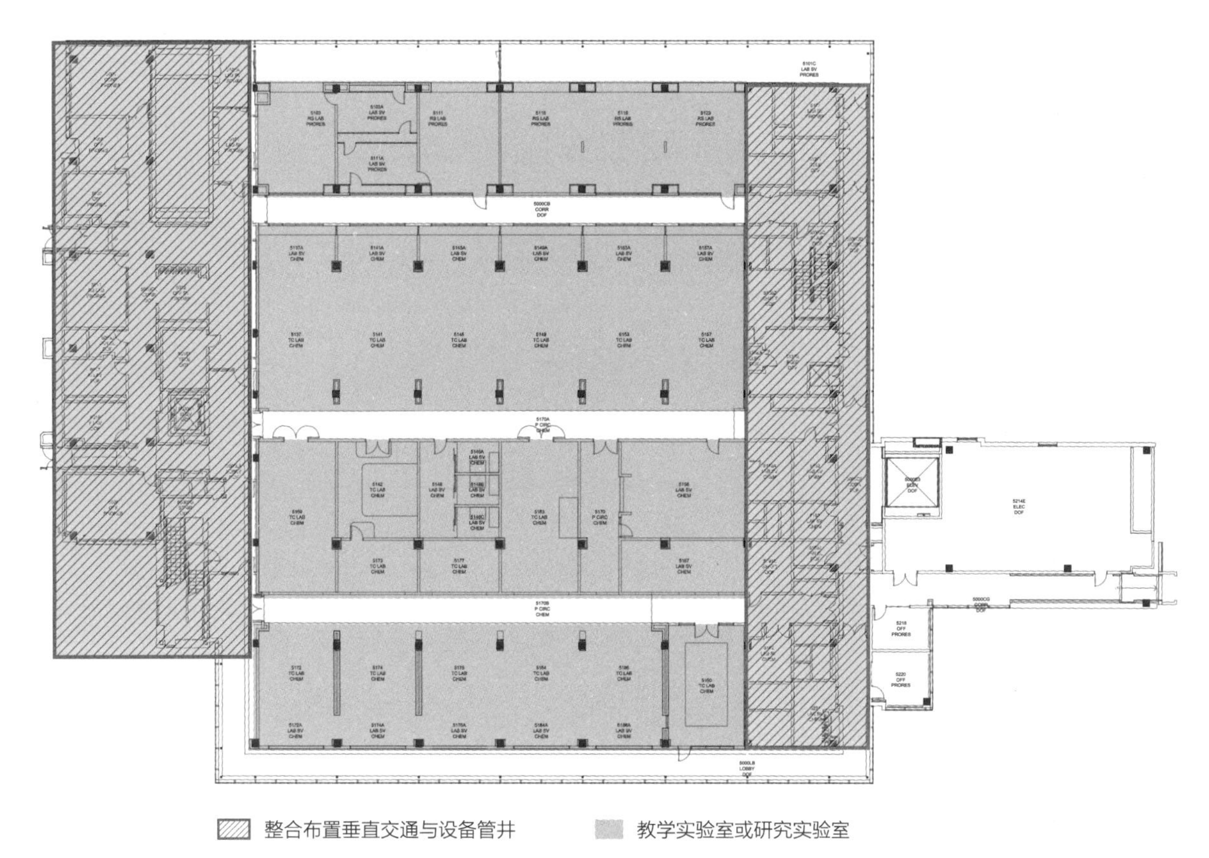

图 6-25　MIT 纳米实验楼平面图

备管井、交通等服务设施空间整合于一个柱间，且集中布置于平面两侧的方式，留出更完整的大空间，从而灵活布置教学实验室和研究实验室（图 6-25）。

将设备管线与模数系统相整合，最大限度地提高了学术科研建筑的灵活性和适用性，教室和实验室都可以根据需要，通过改变隔墙的布置方式，简单、便捷地进行扩大或缩小，而无需调整设备管线。

6.2　历经百年的灵活性与适应性

6.2.1　适应不同学科的需求

通过建设前期详尽的功能需求研究，设计者精心设计并综合考虑结构体系与使用需求的模块单元及其组合方式，同时整合设备管网，让 MIT 的科研学术建筑具有最广泛的灵活性与适应性，实现了在一栋建筑内同时适应多种学科不同使用需求的设计（图 6–26、图 6–27，表 6–1）。各个院系之间没有明确的建筑界限、空间界限，因此方便校园各学院随着其办学规模、研究方向、合作学科及实验设施等方面的变化，随时进行

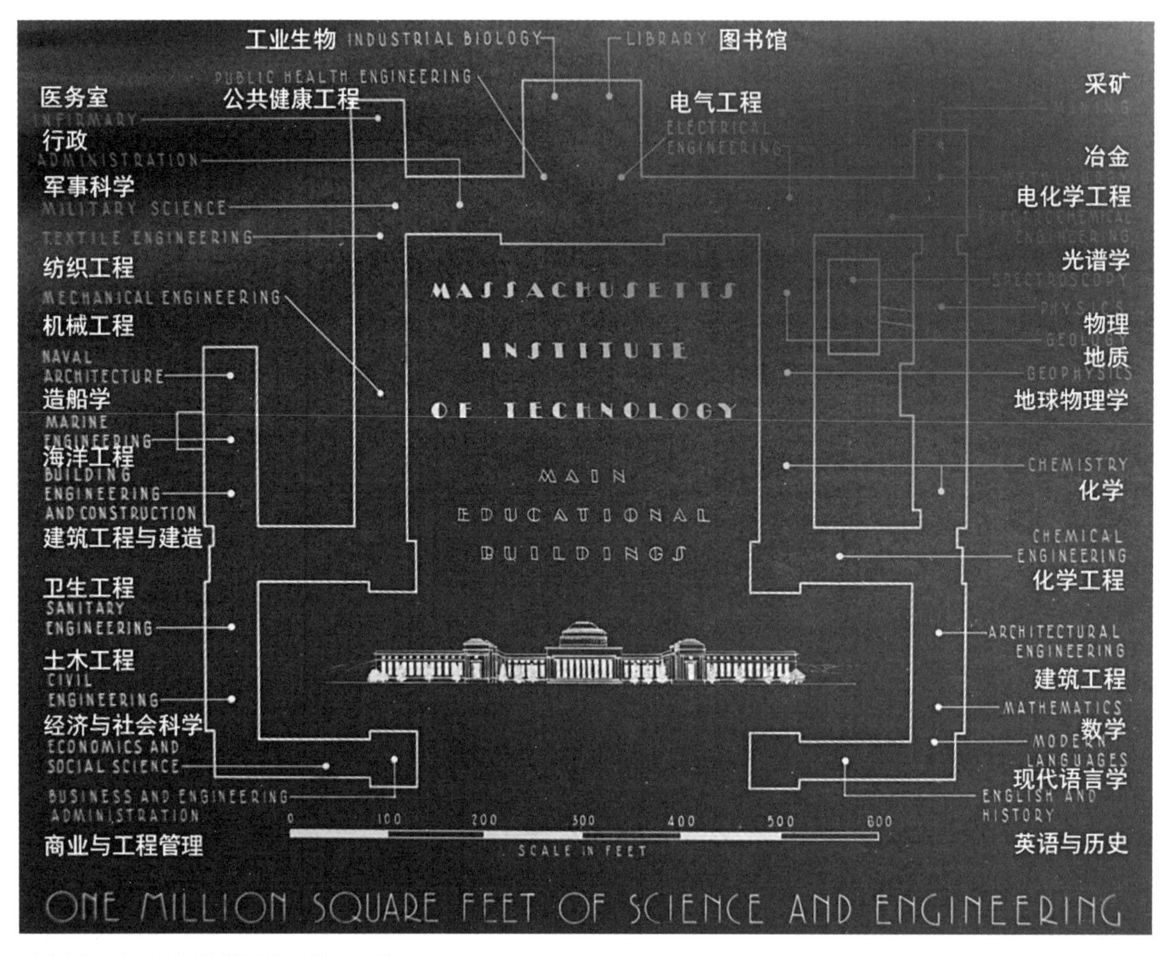

图 6–26 MIT 主楼建成初期的学科分布情况

灵活调整，从而满足其不断变化的新需求。如 MIT 生物系因研究领域的扩展，从起初的 16 号楼扩展到 56 号楼，再到后来的 68 号楼；化学系因实验设施的更新，需要从 2 号楼、4 号楼搬迁至 18 号楼；地理科学部门因师生规模扩张，从 24 号楼调整到新建的 54 号楼。这样的学科空间变动在校园里不断发生。

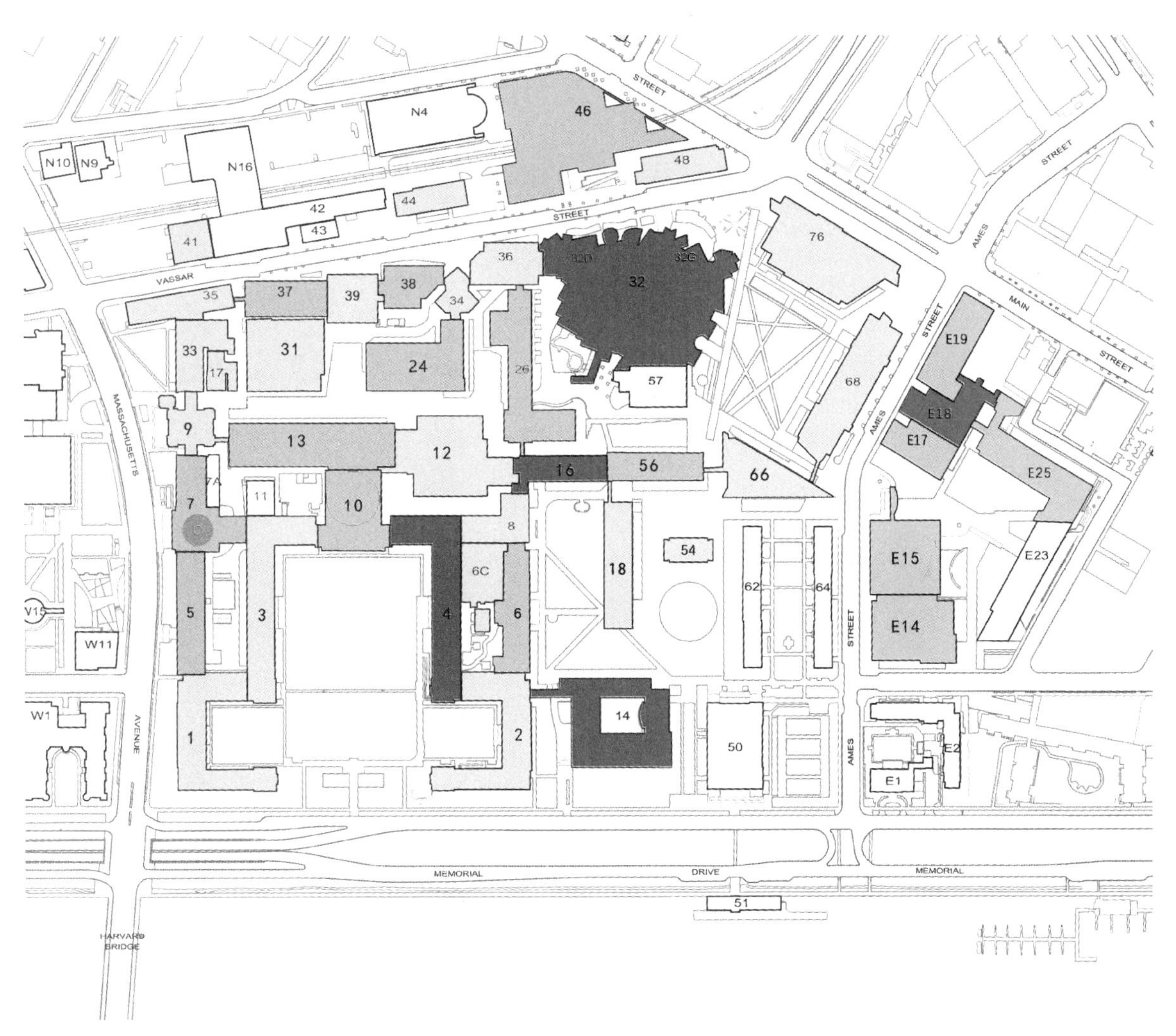

5 个及以上混合布置　3-4 个混合布置　1-2 个混合布置

注：仅统计学院下属的系、实验室和研究中心。

图 6-27　今天 MIT 主校区科研建筑学科多样性分析

MIT 主校区学术建筑院系部门分布　　表 6-1

楼栋	学系
1 号楼	土木与环境工程系、机械工程系
2 号楼	化学系、数学系
3 号楼	建筑系、机械工程系
4 号楼	化学系、数学系、材料科学与工程系、音乐与戏剧艺术系、物理系
5 号楼	建筑系、土木与环境工程系、机械工程系
6 号楼	化学系、材料科学与工程系、物理系
6C 号楼	化学系、物理系
7 号楼	建筑系、机械工程系、城市研究与规划系
8 号楼	材料科学与工程系、物理系
9 号楼	城市研究与规划系、房地产中心
10 号楼	建筑系、音乐与戏剧艺术系、城市研究与规划系、电子研究实验室
12 号楼	纳米实验室
13 号楼	材料科学和工程中心、微光子学中心、电子陶瓷研究
14 号楼	比较媒体研究系、全球化研究与语言系、文学系、女性和性别研究、音乐与戏剧艺术系
16 号楼	生物工程系、化学系、比较媒体研究系、全球化研究与语言系、文学系、材料科学与工程系、比较医学部
17 号楼	航空航天系
18 号楼	化学系
24 号楼	材料科学和工程中心、电气工程与计算机科学系、音乐与戏剧艺术系、核科学与工程系
26 号楼	生物工程系、物理系、核科学实验室、电子研究实验室
31 号楼	航空航天系、机械工程系
32 号楼	电气工程与计算机科学系、语言学系、哲学系、信息和决策系统实验室、计算机科学和人工智能实验室
33 号楼	航空航天系
34 号楼	电气工程与计算机科学系
35 号楼	航空航天系、机械工程系
36 号楼	电气工程与计算机科学系、电子研究实验室
37 号楼	航空航天系、地球大气和行星科学系、卡夫利天体物理与空间研究所
38 号楼	电气工程与计算机科学系、电子研究实验室、微系统技术实验室
39 号楼	微系统技术实验室
41 号楼	航空航天系、机械工程系
44 号楼	核科学实验室

续表

楼栋	学系
46 号楼	大脑与认知科学系、麦戈文大脑研究所、皮考尔学习记忆研究所、比较医学部
48 号楼	土木与环境工程系、机械工程系
54 号楼	地球大气和行星科学系
56 号楼	生物工程系、化学工程系、化学系、比较医学部
66 号楼	化学工程系
68 号楼	生物学系、比较医学部
76 号楼	比较医学部、科赫综合癌症研究所
E14 号楼	艺术文化与技术、媒体实验室、先进城市主义中心
E15 号楼	艺术文化与技术、比较媒体研究系、媒体实验室、李斯特视觉艺术中心
E17 号楼	化学工程系、比较医学部、社会技术系统研究中心
E18 号楼	化学工程系、比较媒体研究系、比较医学部、社会技术系统研究中心、媒体实验室
E19 号楼	化学工程系、经济学系、社会技术系统研究中心
E25 号楼	比较医学部、医学工程与科学研究所、地球大气和行星科学系、材料科学与工程系

注：仅统计学院下属的系、实验室和研究中心，数据来源：MIT space accounting–2017。

6.2.2　适应不同时代的需求

MIT 剑桥校区自 1916 年以来，其很多学科的研究领域、研究方法都发生了翻天覆地的变化。化学学科从经典化学发展到现代化学，在起初四个主要分支学科的基础上，又新增了生物化学、核化学、高分子化学等分支学科，而原有的分支学科也进一步细化出更多的研究领域。为回应学科的细分和新兴的研究领域，学院需要为各类专项研究提供适宜的科研空间。

麻省理工学院灵活的科研建筑空间很好地把握并适应了校园不断变化、发展的本质，其主楼建筑群更是充分地验证了这一点。一百多年来，主楼 95% 的原有空间都改变了其使用功能或方式[92]，且大部分空间在经历三代或四代不同的使用后，仍然运作良好。所有这些都充分表明了一百多年前弗里曼、博斯沃思在设计中强调科研学术建筑空间的灵活性与适应性的价值和远见。

作为一个最有创新能力的研究型组织，MIT 的研究领域在持续地变化调整以满足不断发展的技术社会的需求。面对动态的课程与研究活动，承载着这些活动的校园空间也在相应变化着。从校园建设前详尽的功能需求研究，到精心设计的模块系统和整合的设备管网，MIT 提供了既能适应不断变化的时代环境，又能满足不同学科教学科研特殊需求的建筑空间。通过设计灵活可变的空间，使得现有建筑空间能够一直被充分利用：一方面能够减少扩建的需要，降低土地购置与新建筑建设的费用，在面对改造时也能最小化改造成本，提升翻新效率；另一方面，也为科研空间承载复合与多样的功能需求、使不同学科可以混合布置在一栋楼内提供了重要的物理空间条件，大大加强了各个学科之间学术信息的联系，而这正是激发和孕育跨学科交流与合作，使麻省理工学院始终保持卓越的创新能力的重要基础。

图片来源

图 1-1 https://www.topuniversities.com/university-rankings/world-university-rankings/2023

图 1-2 https://www.wikiwand.com/en/Apollo_Guidance_Computer

图 1-3 https://edgerton-digital-collections.org/galleries/iconic

图 1-4 https://createdigital.org.au/artificial-leaves-building-green-infrastructure/

图 1-5 https://www.bostondynamics.com/products/spot

图 1-6 http://hacks.mit.edu/Hacks/by_year/1990/vest_bboard/

图 1-7 https://www.bostonglobe.com/

图 1-8 作者自摄

图 1-9 http://hacks.mit.edu/Hacks/by_year/2012/tetris/

图 1-10 https://thetech.com/2012/05/01/tetris-v132-n22

图 1-11 ~ 图 1-16 作者自摄

图 1-17 作者自绘

图 1-18 https://news.mit.edu/2011/timeline-wiener-0119

图 2-1 https://www.archives.gov/milestone-documents/morrill-act

图 2-2 《MIT, a Brief Account of its Foundation, Character, and Equipment》

图 2-3 Scope and Plan of the School of Industrial Science, 1864

图 3-1 《Back bay churches public buildings》

图 3-2 《Photogravure Views of the Massachusetts Institute of Technology》

图 3-3 改绘自《MIT 校长报告：1898—1899 学年》，附录第 1 页

图 3-4 《Back bay churches public buildings》

图 3-5 《Designing MIT》

图 3-6 《Architecture of M.I.T Buildings》

图 3-7 《Architecture of M.I.T. Buildings-Since the Civil War, Trends in American Architecture》

图 3-8 改绘自《MIT 校长报告》

图 3-9 作者自绘

图 4-1 https://libraries.mit.edu/mithistory/institute/offices/office-of-the-mit-president/

图 4-2 "7 号"研究报告

图 4-3 MIT Archives

图 4-4 https://en.wikipedia.org/wiki/John_Ripley_Freeman#/media/File:Cassier's_magazine_(1904)_(14582235378).jpg

图4-5 ~ 图4-13 "7号"研究报告

图 4-14 https://www.lib.berkeley.edu/uchistory/archives_exhibits/hearst/images/campusmap1908.jpg

图 4-15 Harvard University, Baker Library

图 4-16 "7 号"研究报告

图 4-17 作者自摄

图 4-18 维基百科

图 4-19 作者改绘

图 4-20 https://www.nyc-architecture.com/LM/LM069.htm、https://mit2016.mit.edu/

图 4-21 Mark Jarzombek. Designing MIT Bosworth's New Tech [M]. Cambridge: MIT press. 2004

图 4-22 Mark Jarzombek. Designing MIT Bosworth's

New Tech [M]. Cambridge: MIT press. 2004

图 4–23 https://mit2016.mit.edu/

图 4–24 https://mit2016.mit.edu/

图 4–25 https://thereaderwiki.com/en/Union_College

图 4–26 https://www.virginia.edu/visit/grounds

图 4–27 https://mit2016.mit.edu/

图 4–28 https://webmuseum.mit.edu/

图 4–29 作者自摄

图 4–30 https://www.docomomo-us.org/register/alumni-pool

图 4–31 https://en.m.wikipedia.org/wiki/File:MIT_Baker_House_Dormitory_(34321178075).jpg

图 4–32 作者改绘

图 4–33 https://web.mit.edu/

图 4–34 作者摄于斯塔塔中心走廊上关于 20 号楼的展览

图 4–35 https://web.mit.edu/

图 4–36 https://libraries.mit.edu/

图 4–37 MIT Archives、https://www.loc.gov/resource/krb.00238/

图 4–38 作者自摄（左）；https://www.eypae.com/（右）

图 4–39 https://pictures.abebooks.com/isbn/9780060973407-us.jpg

图 4–40 https://www.amazon.com/Artificial-Intelligence-MIT-Expanding-Frontiers/dp/0262526409?

图 4–41《Planning for MIT》

图 4–42 作者自绘

图 4–43 MIT 档案馆

图 4–44 自绘

图 4–45《MIT north campus second century program _Skidmore, Owings & Merrill Architects/ Engineers》

图 4–46《MIT north campus second century program _Skidmore, Owings & Merrill Architects/ Engineers》

图 4–47、图 4–48 作者自绘

图 4–49 https://news.mit.edu/2016/new-era-kendall-square-initiative-cambridge-planning-board-0518

图 4–50 改绘自《MIT campus planning 1960–2000》

图 4–51 https://en.wikipedia.org/wiki/Green_Building_(MIT)

图 4–52 作者改绘

图 4–53 https://news.mit.edu/2019/major-expansion-green-building-0822

图 4–54 https://aiaguide.stqry.app/en/story/21695

图 4–55 https://sah-archipedia.org/buildings/MA-01-MT16

图 4–56 https://sah-archipedia.org/buildings/MA-01-MT16

图 4–57《A framework for campus development: principles, recommendations and strategic initiatives》

图 4–58 改绘自《MIT 校园发展框架：原则、建议和战略举措》

图 4–59 ~ 图 4–62 《MIT 校园发展框架：原则、建议和战略举措》

图 4–63 http://web.mit.edu/mit2030/images/HistoricIconicBuildingsMap_Revised5Jan2012-lrg.jpg

图 4–64 http://web.mit.edu/mit2030/images/LEED_EnergyEfficiency-Upgrades_Oct2013-lrg.png

图 4–65 改绘自《Building Stata》，p36

图 4–66 MIT 特藏，AC205

图 4–67 ~ 图 4–69 作者自摄

图 4–70 https://immersivelearningscape.files.wordpress.com/2012/09/mit_presentation_rivera2.pdf

图 4–71 作者自摄

图 4–72 Maki and Associates (maki-and-associates.co.jp)

图 4–73 作者自摄

图 5–1 改绘自《when MIT was "Boston Tech"》

图 5–2 https://architekturen-der-wissenschaft.de/english.html

图 5-3　https://architekturen-der-wissenschaft.de/english.html

图 5-4　“7 号”研究报告

图 5-5　《MIT校园发展框架：原则、建议和战略举措》

图 5-6 ~ 图 5-10　作者自绘

图 5-11　https://upload.wikimedia.org/wikipedia/commons/7/7f/Dreyfus_Buiding_%28MIT_Building_18%29.jpg

图 5-12　作者改绘

图 5-13　https://chilchile.files.wordpress.com/2013/07/dsc_0730.jpg

图 5-14　作者自绘

图 5-15　https://capitalprojects.mit.edu/projects/mitnano-building-12

图 5-16　作者自绘

图 5-17　作者改绘

图 5-18　https://capitalprojects.mit.edu/projects/samuel-tak-lee-building-building-9

图 5-19　作者自绘

图 5-20　作者改绘

图 5-21　https://venturefizz.com/stories/boston/boston-nerd-tour-walk-around-greater-bostons-most-tech-oriented-areas

图 5-22　作者改绘

图 5-23　https://chilchile.files.wordpress.com/2013/07/dsc_0678.jpg

图 5-24、图 5-25　作者自绘

图 5-26　作者改绘

图 5-27　https://calendar.mit.edu/building_54#.YkK35i1By70

图 5-28、图 5-29　作者自绘

图 5-30、图 5-31　M.I.T. Planning Office, M.I.T. Corridor Development Project Report

图 5-32　https://news.mit.edu/2010/lams-opening(b)；https://techtv.mit.edu/videos/8d4a4b4bde2b47238b0a9ea44a3ae771/(a)；https://www.imai-keller.com/portfolio/mit-laboratory-for-advanced-materials/(c)

图 5-33　https://news.mit.edu/2014/window-art-classical-manufacturing-science；https://schantzgalleries.wordpress.com/2013/12/17/mit-glass-lab-renovationexpansion-campaign-has-just-received-a-challenge-pledge/

图 5-34　https://www.lwa-architects.com/project/mit-school-of-architecture-and-planning/

图 5-35　https://www.lwa-architects.com/project/mit-school-of-architecture-and-planning/

图 5-36　http://capitalprojects.mit.edu/projects/12-emily-street-nw98

图 5-37　http://capitalprojects.mit.edu/projects/12-emily-street-nw98

图 5-38　作者自绘

图 5-39、图 5-40　作者自摄

图 5-41　作者自绘

图 5-42、图 5-43　作者自摄

图 5-44　https://www.annbeha.com/massachusetts-institute-of-technology-simons-building-for-mathematics

图 5-45　https://www.annbeha.com/massachusetts-institute-of-technology-simons-building-for-mathematics，右上作者自摄

图 5-46　作者自摄

图 6-1、图 6-2　MIT《1974 东校区研究报告》

图 6-3　槙综合计画事务所、里尔斯・温扎普菲合伙人建筑公司的媒体实验室扩建报告

图 6-4　作者自绘

图 6-5　MIT《1974 东校区研究报告》

图 6-6 ~ 图 6-8　MIT《1989 年主校区东北区域总体规划》

图 6-9　https://libraries.mit.edu/150books/2011/04/10/1954/

图 6-10　MIT Facilities

图 6-11　作者自绘

图 6-12　https://commons.wikimedia.org/

图 6–13 MIT Facilities

图 6–14 作者自绘

图 6–15 https://commons.wikimedia.org/

图 6–16 MIT Facilities

图 6–17 作者自绘

图 6–18 https://commons.wikimedia.org/

图 6–19 MIT Facilities

图 6–20、图 6–21 作者自绘

图 6–22 ‘Study No. 7’p80. MC0051, Box 42c, MIT Archives

图 6–23 作者改绘

图 6–24 MIT《1989 年主校区东北区总体规划》

图 6–25、图 6–26 作者改绘

图 6–27 作者自绘

参考文献

[1] 2022 年 QS 世界大学学科排名 [EB/OL].（2022-6）[2022-6-15]. https://www.qschina.cn/subject-rankings/2022.

[2] Nobel prize facts[EB/OL].（2009-10-5）[2022-6-15]. https://www.nobelprize.org/prizes/facts/nobel-prize-facts/.

[3] Nobel laureates by affiliation[EB/OL]. [2022-6-15]. https://en.wikipedia.org/wiki/List_of_Nobel_laureates_by_university_affiliation.

[4] Barry Sharpless Facts[EB/OL].（2002）[2022-6-15]. https://www.nobelprize.org/prizes/chemistry/2001/sharpless/facts/.

[5] Roberts E B, Murray F, Kim J D. Entrepreneurship and Innovation at MIT: Continuing Global Growth and Impact[J]. Social Science Electronic Publishing, 2015.

[6] Innovation & Entrepreneurship Resources[EB/OL]. [2022-6-15]. https://innovation.mit.edu/.

[7] 黄亚生，张世伟，余典范，王丹．MIT 创新课：麻省理工模式对中国创新创业的启迪 [M]．北京：中信出版社，2015：018-037, 056-058.

[8] Flint water crisis whistle-blowers win MIT Media Lab's 'Disobedience Award'[EB/OL].（2017-7-20）[2022-6-15]. https://www.media.mit.edu/articles/flint-water-crisis-whistle-blowers-win-mit-media-lab-s-disobedience-award/.

[9] Chip design drastically reduces energy needed to compute with light[EB/OL].（2019-6-5）[2022-6-15]. https://news.mit.edu/2019/ai-chip-light-computing-faster-0605.

[10] MIT2016 Documentary Series: Function Follows Form[Z/OL].（2016-4-14）[2022-6-15]. https://www.youtube.com/watch?v=6BJdY1mdSSA.

[11] MIT. Faculty research collaboration tool[DS/OL]. [2022-6-15]. http://collaboration.mit.edu/.

[12] Ellen Judy Wilson, Peter Hannsreill. Encyclopedia of the enlightenment[M]. Infobase Publishing, 2004: 381.

[13] Julius A. Stratton, Loretta H. Mannix. Mind and Hand—The Birth of MIT[M]. Cambridge, MIT Press, 2005: 252.

[14] Angulo A. J.. William Barton Rogers and the Idea of MIT[M]. Johns Hopkins University Press, 2009: 31, 86, 117, 120-121, 71-72.

[15] 张森．MIT 创业型大学发展史研究 [D]．保定：河北大学，2012：31.

[16] James Phinney Munroe. The Massachusetts Institute of Technology[M]. New England Magazine, 1902.

[17] Mark Jarzombek. Designing MIT Bosworth's New Tech[M]. Cambridge: MIT Press. 2004: 5, 6, 9, 17, 125.

[18] President's Report[R]. Boston: MIT, 1912: 17.

[19] President's Report[R]. Boston: Geo. H. Ellis Corporation, 1904.

[20] President's Report[R]. Boston: The December Meeting of The Corporation, 1905.

[21] President's Report[R]. Boston: Franklin Press,

1885.

[22] President's Report[R]. Boston: The December Meeting of The Corporation, 1902.

[23] President's Report[R]. Boston: The December Meeting of The Corporation, 1908.

[24] President's Report[R]. Boston: The December Meeting of The Corporation, 1916: 15.

[25] The MIT Press. The Growing Influence of the Alumni[J]. The Technology Review, 1913, 15/2: 151.

[26] The MIT Press. Alumni Preparing for a Supreme Effort[J]. The Technology Review, 1912, 14/3: 154.

[27] MIT Archives. Papers of John Ripley Freeman[Z]. 1912.

[28] John R. Freeman. Study No.7: For New Buildings for the Massachusetts Institute of Technology Cambridge[R], 1912.

[29] O. Robert Simha. MIT Campus Planning 1960–2000: An Annotated Chronology[M]. Cambridge: MIT Press, 2001: 59, 99.

[30] MIT Resource Development. A major expansion for the Green Building[EB/OL].（2019–8–22）[2022–6–15]. https://news.mit.edu/2019/major-expansion-green-building-0822.

[31] MIT Stratton Reading Room [EB/OL]. [2022–6–15]. https://milderfurniture.com/furniture/mit-stratton-student-center-2/.

[32] MIT 2030. [2022–6–15]. [EB/OL]. http://web.mit.edu/mit2030/framework.html.

[33] Media Lab and SA+P Extension. [2022–6–15]. [EB/OL]. https://web.mit.edu/facilities/construction/completed/medialabext.html.

[34] The Media Lab Complex [EB/OL]. [2022–6–15]. http://archityperereview.com/project/the-media-lab-complex/.

[35] MIT. MIT opens new Media Lab Complex.（2010–3–5）[2022–6–15]. [EB/OL]. https://news.mit.edu/2010/media-lab-0304.

[36] William J. Mitchell. Imagining MIT: Designing a Campus for the Twenty–First Century[M]. The MIT Press, 2007.

[37] Report of the Committee on Staff Environment[R]. Cambridge: Committee on Educational Survey, 1949: 5, 132.

[38] Malcolm D. Rivkin. Planning for MIT. A report to the long range planning committee[R]. Cambridge: Long Range Planning Committee, 1960.

[39] Olin Partnerships. A framework for campus development: principles, recommendations and strategic initiatives[R]. Cambridge: planning office, 2001.

[40] The Tech[N]. Boston, Massachusetts, 1913.

[41] President's Report Issue 1938[R]. Cambridge, Massachusetts: Massachusetts Institute of Technology, 1938.

[42] President's Report Issue 1932[R]. Cambridge, Massachusetts: Massachusetts Institute of Technology, 1932.

[43] President's Report Issue 1946[R]. Cambridge, Massachusetts: Massachusetts Institute of Technology, 1946.

[44] President's Report Issue 1949[R]. Cambridge, Massachusetts: Massachusetts Institute of Technology, 1949.

[45] President's Report Issue 1959[R]. Cambridge, Massachusetts: Massachusetts Institute of Technology, 1959.

[46] President's Report Issue 1955[R]. Cambridge, Massachusetts: Massachusetts Institute of Technology, 1955.

[47] President's Report Issue 1939[R]. Cambridge, Massachusetts: Massachusetts Institute of Technology, 1939.

[48] Caroline Shillaber. Architecture of MIT Buildings[J]. The Technology Review, 1954.

[49] President's Report Issue 1934[R]. Cambridge, Massachusetts: Massachusetts Institute of Technology, 1934.

[50] President's Report Issue 1937[R]. Cambridge, Massachusetts: Massachusetts Institute of Technology, 1937.

[51] President's Report Issue 1941[R]. Cambridge, Massachusetts: Massachusetts Institute of Technology, 1941.

[52] President's Report Issue 1947[R]. Cambridge, Massachusetts: Massachusetts Institute of Technology, 1947.

[53] The President's Report 1960[R]. Cambridge, Massachusetts: Massachusetts Institute of Technology, 1960: 2, 8.

[54] The President's Report 1961[R]. Cambridge, Massachusetts: Massachusetts Institute of Technology, 1961: 11, 23.

[55] President's report issue, 1962[R]. Cambridge, Massachusetts: Massachusetts Institute of Technology, 1962.

[56] President's report issue, 1963[R]. Cambridge, Massachusetts: Massachusetts Institute of Technology, 1963.

[57] Report of the President and the Chancellor issue 1974–1975[R]. Cambridge, Massachusetts: Massachusetts Institute of Technology, 1975: 6.

[58] Report of the president 1968[R]. Cambridge, Massachusetts: Massachusetts Institute of Technology, 1968.

[59] MIT Report to the President 1998–99[EB/OL]. [2022-6-15]. http://web.mit.edu/annualreports/pres99/02.00.html.

[60] Reports to the President 1986–87[R]. Cambridge, Massachusetts: Massachusetts Institute of Technology, 1987.

[61] Reports to the President 1987–88[R]. Cambridge, Massachusetts: Massachusetts Institute of Technology, 1988.

[62] Reports to the president 1989–1990[R]. Cambridge, Massachusetts: Massachusetts Institute of Technology, 1990.

[63] Report of the president for the academic year 1969–1970[R]. Cambridge, Massachusetts: Massachusetts Institute of Technology, 1970.

[64] Report of the president and the chancellor issue 1975–1976[R]. Cambridge, Massachusetts: Massachusetts Institute of Technology, 1976.

[65] Report of the president and the chancellor 1971–1972[R]. Cambridge, Massachusetts: Massachusetts Institute of Technology, 1972.

[66] Report of the president and the chancellor 1977–78[R]. Cambridge, Massachusetts: Massachusetts Institute of Technology, 1978.

[67] MIT Reports to the President 2000–2001[EB/OL]. [2022-6-15]. http://web.mit.edu/annualreports/pres01/01.00.html.

[68] Report of the president 2011–2012[EB/OL]. [2022-6-15]. http://web.mit.edu/annualreports/pres12/2012.01.00.pdf.

[69] Report of the president 2006–2007[EB/OL]. [2022-6-15]. http://web.mit.edu/annualreports/pres07/07.07.pdf.

[70] Report of the president 2008–2009[EB/OL]. [2022-6-15]. http://web.mit.edu/annualreports/pres09/2009.01.00.pdf.

[71] Francis E. Wylie. MIT in Perspective: A Pictorial history of the Massachusetts Institute of Technology[M], 1975.

[72] Object and Plan of an institute of technology[R]. Boston, 1861.

[73] Architectural Evolution and Reinvention[EB/OL].

[2022-6-15]. https://mit2016.mit.edu/campus-cambridge/evolving-frontier/architectural-evolution.

[74] Architectures of Science[EB/OL]. [2022-6-15]. https://architekturen-der-wissenschaft.de/english.html.

[75] MIT. New building will be a hub for nanoscale research[EB/OL].（2014-4-29）[2022-6-15]. https://news.mit.edu/2014/new-building-will-be-hub-for-nanoscale-research-0429.

[76] MIT. Transforming the Infinite Corridor[EB/OL].（2010-3-10）[2022-6-15]. https://news.mit.edu/2010/lams-opening.

[77] Imai Keller Moore Architects. MIT Laboratory for Advanced Materials[EB/OL]. [2022-6-15]. https://www.imai-keller.com/portfolio/mit-laboratory-for-advanced-materials/.

[78] MIT. A window to the art of classical manufacturing science[EB/OL].（2014-6-4）[2022-6-15]. https://news.mit.edu/2014/window-art-classical-manufacturing-science.

[79] LEERS WEINZAPFEL ASSOCIATES. MIT School of Architecture and Planning[EB/OL]. [2022-6-15]. https://www.lwa-architects.com/project/mit-school-of-architecture-and-planning/.

[80] MIT Mathematics. The Completed Simons Building[EB/OL].（2016-1）[2022-6-15]. https://math.mit.edu/about/simons-building/index.php.

[81] Phil Budden, Fiona Murray. Kendall Square & MIT: Innovation Ecosystems and the University [EB/OL].（2015-10）[2022-6-15]. https://innovation.mit.edu/assets/MIT-Kendall-Sq.-Case_10.22.15.pdf.

[82] A brief account of its foundation, character, and equipment[R]. Boston: MIT, 1893: 17, 24-25.

[83] 邓巧明，刘宇波，纪绵. 与科研信息偶遇的校园——浅谈规划设计如何促进大学校园中的跨学科交流合作 [J]. 时代建筑，2021：30-35.

[84] Olin Partnerships. MIT a framework for campus development: Principles, Recommendations and strategic initiatives[R]. 2001.

[85] MIT Planning Office. East Campus Study: Plan Summary[R]. Cambridge: The MIT Press, 1974.

[86] MIT Planning Office. A new center for arts and media technology at Massachusetts Institute of Technology[R]. 1982.

[87] William J. Mitchell. Program for Media Laboratory Expansion[R]. 1999.

[88] William J. Mitchell. Program for Media Laboratory Expansion[R]. 2000.

[89] Maki and Associates, Leers Wienzapfel Associates. Media Laboratory Expansion[R], 1999.

[90] 邓巧明，刘宇波，罗伯特·西姆哈. “7 号”研究报告与百年 MIT 剑桥校区建设——工程师视角下高效率大学的规划与建设 [J]. 建筑师，2019（3）：70-75.

[91] Wallace, Floyd. Main Campus Northeast sector master plan[R]. Cambridge: The MIT Press, 1989.

[92] Sheila Macom Fleming. Design Aspects of Flexible Institutional Buildings: A Case Study of the Main Academic Buildings at MIT[D]. Cambridge: Massachusetts Institute of Technology, 1990.